江西理工大学清江学术文库

高压下惰性元素氙化学活性的理论研究

Theoretical Studies of Chemical Reactivity of Xe Under High Pressure

颜小珍　著

北　京
冶 金 工 业 出 版 社
2022

内 容 提 要

本书共 7 章。第 1 章综述了高压科学与技术的发展及稀有气体元素在高压条件下的研究现状及最新进展；第 2 章介绍了本书涉及的相关研究手段和理论方法；第 3 章介绍了氙与硫在高压下的化学反应、氙-硫化合物的物性行为及其在地球大气演化的应用；第 4 章介绍了氙与氢的化学反应、氙-氢化合物的物性行为及其在超导材料领域的潜在应用；第 5 章介绍了氙与金属铯和铝化学反应的可能性，提出了氙-铯化合物特殊的稳定机制；第 6 章介绍了氙与氩两种稀有气体元素之间的化学反应；第 7 章进行了总结。

本书适合物理、化学、材料类专业的高等院校师生参考使用，也可供相关专业的技术研究人员参考。

图书在版编目 (CIP) 数据

高压下惰性元素氙化学活性的理论研究/颜小珍著. —北京：冶金工业出版社，2021. 7 （2022. 10 重印）

ISBN 978-7-5024-8815-4

Ⅰ.①高… Ⅱ.①颜… Ⅲ.①氙—研究 Ⅳ.①O613.15

中国版本图书馆 CIP 数据核字 （2021） 第 080460 号

高压下惰性元素氙化学活性的理论研究

出版发行 冶金工业出版社		**电　话** (010)64027926
地　址 北京市东城区嵩祝院北巷 39 号		**邮　编** 100009
网　址 www.mip1953.com		**电子信箱** service@ mip1953.com

责任编辑 王　双　**美术编辑** 吕欣童　**版式设计** 禹　蕊
责任校对 梁江凤　**责任印制** 李玉山
北京虎彩文化传播有限公司印刷
2021 年 7 月第 1 版，2022 年 10 月第 2 次印刷
710mm×1000mm　1/16；8. 25 印张；157 千字；121 页
定价 54. 00 元

投稿电话　(010)64027932　**投稿信箱**　tougao@cnmip. com. cn
营销中心电话　(010)64044283
冶金工业出版社天猫旗舰店　yjgycbs. tmall. com
（本书如有印装质量问题，本社营销中心负责退换）

前　言

　　稀有气体元素具有稳定的外层电子结构（除氦为 $1s^2$ 外，其余均为八电子构型：ns^2np^6）和很高的电离势。在通常情况下它们的化学活性很低，很难得失电子而参与化学反应，因此又被人们称为"惰性元素"。寻找新型稀有气体化合物成为当今凝聚态物理学界的重大挑战之一。高压是合成和探索新型化合物的重要手段。高压能够有效地缩短物质内部的原子间距，诱发原子间的电荷转移并改变其化学价态，进而降低化学反应势垒，诱导非常规的化学反应。氙的价电子层是所有惰性元素中离核最远的（放射性的氡除外），原子核对价电子的束缚能力最弱，因此也最有可能失去电子而与其他原子成键。近年来，关于氙在高压极端条件下与其他元素结合成新型化合物的研究吸引了广泛的关注。本书综述了目前国内外氙化学研究的现状和最新进展，并在此基础上，进一步研究了其在高压极端条件下与非金属硫、氢和氧及金属铯和铝的化学反应。本书的出版旨在让相关领域的科研人员和技术人员及时了解氙化学的最新研究成果。

　　本书的部分内容是作者在读博期间的研究成果，在此，作者特别感谢邝小渝教授、向士凯副研究员、耿华运研究员等的指导。本书还介绍了作者在江西理工大学取得的最新研究成果。本书介绍的研究成果是在国家自然科学基金项目（项目号：11704163，11804131）、中国博士后科学基金项目（项目号：2017M623064）、江西省自然科学基金项目（项目号：20181BAB211007）、江西理工大学博士启动基金项目（项目号：3401223301，3401223256）等经费的支持下取得的，本书的出版由江西理工大学资助，在此一并致以诚挚的感谢。

由于作者学识水平和经验阅历所限，书中不足之处，恳请广大读者予以指正。

额小珍

2020 年 5 月

目　　录

1 绪 论

1.1 高压技术与高压下的化学反应

高压条件下的物理学是 21 世纪物理学的一个重要研究方向。压力是影响物质状态的一个重要因素。研究固体材料在高压条件下的物性行为对天体物理、地球物理、凝聚态物理和原子与分子物理等基础科学具有重要意义，而且在武器物理、宇航技术、能源工程、爆炸力学、材料科学等科学领域中也具有重要的应用价值。

随着外界压力的增加，凝聚态物质内部的原子或分子间的距离会逐渐减小，从而导致相邻原子的价电子（甚至内层电子）轨道出现重叠，这往往会引发材料本身物理性质和化学性质的改变。例如，在不同的压力条件下，高压能够缩短材料内部的原子间距，诱发原子间电荷的重新分布，进而促使晶体发生结构相变。这种结构相变的发生往往会导致材料的电学性质、光学性质和力学性质等发生转变，而且有可能引发一些新的物理现象。通过对这些新结构出现的新现象和新性质的微观机制进行研究，人们可以进一步地认识和理解高压物理和高压化学，进而总结出高压条件下新的物理规律并发展新的高压理论，同时也可以促进人们对物质世界的认知。例如，常规凝聚态物理理论认为，高压能够导致材料的价带和导带展宽，从而使其金属性增强。但是在高压条件下，凝聚态物质会相变为新的结构，这些新结构可能成为具有优异功能的新材料（如金属转变为绝缘体、超导体、超流体、热电材料等)[1~3]。这种转变在通常条件下是无法想象的。这种材料优异的性能可以极大地促进高压科学与技术的进步和发展。据统计，在 100 万个大气压下，平均每种凝聚相物质会出现五次结构相变，因此利用高压技术获得新型材料成为人们探索新物质和认知物质世界的重要手段。与此同时，压力还能有效地降低物质间发生化学反应的势垒，由此提高物质的化学反应活性并促进其发生化学反应，从而获取一些常压条件下无法合成的新型材料。因此，对高压高温等极端条件下凝聚态物质的物性行为的研究被认为是未来科学技术中最有希望获得重大突破的研究领域之一。而高压科学技术也可广泛地应用于行星科学、地球科学、凝聚态物理、新功能材料、新能源、生物医学、化学、工程技术学和国防等重要领域。

实验上实现高压的方法主要有动高压和静高压。动高压主要以冲击波为动力，作用于样品上而使之获得瞬时的超高压。这种动态产生的瞬时冲击压一般能达到几百万甚至几千万个大气压，并且它们一般会伴随着温度的急剧上升。静高压主要利用机械设备，通过挤压的方式缓慢给样品施加外部压力。目前，采用金刚石对顶砧技术可使静高压的压强达到 500 万个大气压，而通过冲击波产生的冲击高压则可高达 2000 万个大气压。其实自然界的大部分物质都是身处于高压下。例如，地球内核的压强约为 360 万个大气压，而其他行星或恒星的内部都是一个天然的高压环境（见图 1.1）。

图 1.1　行星的内核压力

综上所述，高压可以有效地缩短物质内部的原子间距，诱发原子间的电荷转移，改变原子的化学价态，从而降低化学反应势垒，诱导非常规的化学反应。因此，高压驱动的化学反应是合成和开发新型材料的重要手段，是物理、材料和化学等领域长期的研究焦点。高压作用主要通过影响先驱物的稳定性、增稠效应以及不同原子的压缩性差异来诱发一些常压条件下无法进行的化学反应，从而合成新物质。而这些新物质通常展现出特殊的物理和化学性质，具有重要的应用价值。因此高压下的化学反应在新型材料合成领域具有重要作用。

1.2　本书的研究目的和研究内容

稀有气体元素位于元素周期表的第零族。由于具有稳定的外层电子结构（除

氦为 $1s^2$ 外，其余都为八电子构型：ns^2np^6）和很高的电离势，在通常情况下它们的化学活性很低，很难得失电子，因此曾经很长一段时间被人们认为是不能参与化学反应的"惰性元素"。这一观念在 1933 年被 Pauling 所怀疑[4]。Pauling 根据离子半径的计算预言重稀有气体如氙和氡能够与其他原子结合形成化合物，并且这个预言在 1962 年被 Bartlett 证实[5]。Bartlett 利用强氧化剂 PtF_6 与 Xe 反应制得了第一种稀有气体化合物 $XePtF_6$。此后几十年间，大量的努力被投入到探索新型稀有气体化合物的研究中，并且至今已有数百种此类化合物在实验上被合成[6,7]。然而，这些化合物中的大部分是一些具有高能量的亚稳态小分子，其稳定性局限于特定环境及其自身较高的能垒来抑制其分解。探索新型稀有气体元素化合物，研究新型稀有气体化学键成为稀有气体化学的重要挑战之一，尤其是对它们晶态和延展体系的探索更为引人注目。

高压是合成和探索新型化合物的重要手段。它能够有效地缩短物质内部的原子间距，诱发原子间的电荷转移并改变原子的化学价态，进而降低化学反应势垒，诱导非常规的化学反应。氙（Xe）的价电子层是所有惰性元素中离核最远的（放射性的氡除外），原子核对价电子的束缚能力最弱，因此也最容易失去电子而与其他原子成键。最近，在高温高压条件下，对 Xe 与其他元素结合形成化合物的探索备受关注。

首先，作为基础研究的必要，对 Xe 的化合物的探索能够进一步拓展稀有气体化学的边界。不仅如此，研究表明含 Xe 化合物往往形成一些非同寻常的化学键例子，对它们的探索丰富了人们对化学键的理解并揭示了新的成键机制[1,8]。最初的研究显示，Xe 倾向于与电负性最强的元素 F 结合形成化合物，如 XeF_n（$n=2$，4，6）及一系列亚稳态的氟氙盐分子（如 XeF^+, XeF_5^+, XeF_7^-, $Xe_2F_3^+$ 和 $Xe_2F_{13}^+$）和氢化物分子 HXeY（Y = H, Cl, Br, I, S 和 C，或它们的原子基团）[4~25]。在高压条件下，Xe 能够与电负性更弱的 O、N 等原子结合形成新的稳定化合物[26~28]。令人惊讶的是，最近的理论研究表明，在外界压力的作用下，Xe 不仅能与这些电负性的物质反应，还能与金属单质如 Fe、Ni 等发生化学反应。然而更奇怪的是在这个反应中 Fe 或 Ni 是作为氧化剂[29]。对于这些新型化学反应的物理及化学机制，目前的研究尚未完全理解。

另外，由于 Xe 在常温常压下很难发生化学反应，而在特定条件如高温高压下，Xe 能发生一些未能预料的反应。作为一种挥发性物质，Xe 的化学反应可能发生在地球的内部，这对研究地球及其大气的演化具有重要的意义[27,29~33]。

科学家通过对比地球大气和球粒状陨石（一种化学成分类似于原始的尚未分化的太阳星云的陨石）中 Xe 的丰度发现，地球大气中的 Xe 偏低超过 90%，这一现象被称为"Xe 的消失之谜"[27,34]。研究认为 99% 的地球大气（包括 Xe）来自地幔的排气作用。对于"Xe 的消失之谜"的研究，目前主要存在 3 种观点：

（1）在地球形成早期，地幔中排出来的 Xe 逃逸到外太空[35,36]。有研究发现，对于所有的稀有气体，He、Ne、Ar 和 Kr 在 $MgSiO_3$（地幔的主要成分之一）中的溶解度较大，Xe 的溶解度要小得多。所以，在地幔排气过程中，Xe 被首先挥发出来，形成地球的原始大气。在这些原始大气中，He、Ne、Ar 和 Kr 的含量很少，当原始大气被太阳风吹走后，Xe 也随着被吹走。此后，He、Ne、Ar 和 Kr 慢慢被挥发出来，形成现在 Xe 相对较少的大气。

（2）地幔中排出的 Xe，被束缚在地壳中[36]。Sanloup 等人通过实验研究了在高温高压条件下，Xe 与 SiO_2 的反应，发现在压力 $p>1GPa$，温度 $T>500K$ 时，SiO_2 中的 Si 被 Xe 还原，使得 Xe 与 O 形成共价键。因此他们认为，Xe 可能被束缚于下地壳中[31,32]。

（3）地幔中的 Xe 没有排出，仍然被束缚在地幔或者地核中[36]。

目前，大多数研究人员倾向于认同第三种观点，即 Xe 仍然被束缚在地幔或者地核。因此，寻找 Xe 被束缚在地球内部的证据成为当今关于"Xe 的消失之谜"的研究热点。Xe 被束缚在地球内部有两种途径，通过物理作用或化学作用。

（1）对于物理作用，研究认为，Xe 的一系列性质如化学惰性、高熔点、高密度、低溶解度及其相对不容易扩散的机制，使 Xe 在地球形成的过程中形成大尺度的原子基团，而后沉入地球内部。从而使得地球的 Xe 排气不完全，导致如今大气中 Xe 的含量偏低[36]。

（2）对于化学作用，研究认为，Xe 在地球内部的高温高压条件下变得活泼，而与地球内部物质反应形成稳定的化合物，从而限制了 Xe 的挥发，导致大气中 Xe 的含量偏低。针对这一观点，人们开展了一些高温高压条件下关于 Xe 的化学活性的研究，并取得了很好的结果。Zhu 等人通过理论计算发现，Xe 能在 $p>75GPa$（对应下地幔压力）时与 O_2 发生反应形成 Xe 的氧化物[37,38]。然而，这并不能成为解释"Xe 的消失之谜"的主要原因，因为在这些 Xe-O 化合物中，Xe 的价态很高，氧化性很强，容易跟地球内部的 Fe 反应，而释放出 Xe。最近，Zhu 等人通过理论计算发现，Xe 能在 250GPa（对应外地核压力）下与 Fe 反应生成一系列稳定的 Fe-Xe 化合物，从而推断 Xe 应该被束缚于地核[10]。

我们认为，根据地球形成的"均匀积聚模型"，在地球形成早期，整个地球的物质是均匀分布的，如果仅仅是地核中的 Xe 与 Fe 反应，不能够完全解释 Xe 的消失之谜。假如原始地球的物质是均匀分布的，则地核中的 Xe 只占整个地球的一小部分，而现实是大气中少了 90% 的 Xe。因此，Xe 除了跟地核中的 Fe 反应外，应该还能跟地核以外的其他物质反应。

参 考 文 献

[1] Ma Y, Eremets M, Oganov A R, et al. Transparent dense sodium [J]. Nature, 2009 (458)：182~185.

［2］ Gao Guoying, Oganov A R, Aitor B, et al. Superconducting high pressure phase of germane ［J］. Physical Review Letters, 2008 (101): 5938~5940.

［3］ Ball P. Superconductivity Hots Up ［M］. Nature News, 2001.

［4］ Pauling L. The formulas of antimonic acid and the antimonates ［J］. Journal of the American Chemical Society, 1933 (55): 1895~1900.

［5］ Bartlett N. Xenon hexafluoroplatinate (V) Xe$^+$[PtF$_6$]$^-$ ［J］. Proc. Chem. Soc, 1962 (6): 197~236.

［6］ Grochala W. Atypical compounds of gases, which have been called "noble" ［J］. Chemical Society Reviews, 2007 (36): 1632~1655.

［7］ Haner J, Schrobilgen G J. The Chemistry of Xenon (Ⅳ) ［J］. Chemical Reviews, 2015 (115): 1255~1295.

［8］ Kalinowski J, Räsänen M, Gerber R B. Chemically-bound xenon in fibrous silica ［J］. Physical Chemistry Chemical Physics, 2014 (16): 11658~11661.

［9］ Brock D S, Schrobilgen G J. Synthesis of the missing oxide of xenon, XeO$_2$, and its implications for Earth's missing xenon ［J］. Journal of the American Chemical Society, 2011 (133): 6265~6269.

［10］ Zhu L, Liu H, Pickard C J, et al. Reactions of xenon with iron and nickel are predicted in the Earth's inner core ［J］. Nature Chemistry, 2014 (6): 644~648.

［11］ Probert M. An ab initio study of xenon retention in α-quartz ［J］. Journal of Physics: Condensed Matter, 2010 (22): 025501.

［12］ Shcheka S S, Keppler H. The origin of the terrestrial noble-gas signature ［J］. Nature, 2012 (490): 531~534.

［13］ Jephcoat A P. Rare-gas solids in the Earth's deep interior ［J］. Nature, 1998 (393): 355~358.

［14］ Holloway J H, Holloway J N. Noble-gas Chemistry ［M］. Methuen London, 1968.

［15］ Ferreira R. The Relative Stabilities of Noble Gas Compounds ［J］. Inorganic Chemistry, 1964 (3): 1803~1804.

［16］ Christe K O. A renaissance in noble gas chemistry ［J］. Angewandte Chemie International Edition, 2001 (40): 1419~1421.

［17］ Haner J, Schrobilgen G J. The chemistry of xenon (Ⅳ) ［J］. Chemical Reviews, 2015 (115): 1255~1295.

［18］ Pyykkö P. Strong closed-shell interactions in inorganic chemistry ［J］. Chemical Reviews, 1997 (97): 597~636.

［19］ Pettersson M, Lundell J, Räsänen M. New rare-gas-containing neutral molecules ［J］. European Journal of Inorganic Chemistry, 1999 (1999): 729~737.

［20］ Wells J, Weitz E. Rare gas-metal carbonyl complexes: Bonding of rare gas atoms to the Group VIB pentacarbonyls ［J］. Journal of the American Chemical Society, 1992 (114): 2783~2787.

[21] Tavčar G, Žemva B. XeF$_4$ as a Ligand for a Metal Ion [J]. Angewandte Chemie International Edition, 2009 (48): 1432~1434.

[22] Seidel S, Seppelt K. Xenon as a Complex Ligand: The Tetra Xenono Gold (Ⅱ) Cation in AuXe$_4^{2+}$ (Sb$_2$F$_{11}^-$)$_2$ [J]. Science, 2000 (290): 117~118.

[23] Roithová J, Schröder D. Silicon compounds of neon and argon [J]. Angewandte Chemie International Edition, 2009 (48): 8788~8790.

[24] Kim M, Debessai M, Yoo C S. Two-and three-dimensional extended solids and metallization of compressed XeF$_2$ [J]. Nature Chemistry, 2010 (2): 784~788.

[25] Khriachtchev L, Tanskanen H, Lundell J, et al. Fluorine-free organoxenon chemistry: HXeCCH, HXeCC, and HXeCCXeH [J]. Journal of the American Chemical Society, 2003 (125): 4696~4697.

[26] Khriachtchev L, Räsänen M, Gerber R B. Noble-gas hydrides: New chemistry at low temperatures [J]. Accounts of Chemical Research, 2008 (42): 183~191.

[27] Khriachtchev L, Pettersson M, Lundell J, et al. A Neutral Xenon-Containing Radical, HXeO [J]. Journal of the American Chemical Society, 2003 (125): 1454~1455.

[28] Khriachtchev L, Lignell, A, Juselius, J, et al. Infrared absorption spectrum of matrix-isolated noble-gas hydride molecules: Fingerprints of specific interactions and hindered rotation [J]. Journal of Chemical Physics, 2005 (122): 14510.

[29] Khriachtchev L, Isokoski K, Cohen A, et al. A small neutral molecule with two noble-gas atoms: HXeOXeH [J]. Journal of the American Chemical Society, 2008 (130): 6114~6118.

[30] Jiménez-Halla C Ó C, Fernández I, Frenking G. Is it possible to synthesize a neutral noble gas compound containing a Ng-Ng bond-A theoretical study of H-Ng-Ng-F (Ng=Ar, Kr, Xe) [J]. Angewandte Chemie International Edition, 2009 (48): 366~369.

[31] Fernández I, Frenking G. Neutral noble gas compounds exhibiting a Xe-Xe bond: Structure, stability and bonding situation [J]. Physical, Chemistry Chemical Physics, 2012 (14): 14869~14877.

[32] Evans C J, Lesarri A, Gerry M C. Noble gas-metal chemical bonds. Microwave spectra, geometries, and nuclear quadrupole coupling constants of Ar-AuCl and Kr-AuCl [J]. Journal of the American Chemical Society, 2000 (122): 6100~6105.

[33] Brown E C, Cohen A, Gerber R B. Prediction of a linear polymer made of xenon and carbon [J]. The Journal of Chemical Physics, 2005 (122): 171101.

[34] Avramopoulos A, Serrano-Andrés L, Li J, et al. On the electronic structure of H-Ng-Ng-F(Ng=Ar, Kr, Xe) and the nonlinear optical properties of HXe$_2$F [J]. Journal of Chemical Theory and Computation, 2010 (6): 3365~3372.

[35] Kim M, Debessai M, Yoo C S. Two-and three-dimensional extended solids and metallization of compressed XeF$_2$ [J]. Nature Chemistry, 2010 (2): 784~788.

[36] Zhu Q, Jung D Y, Oganov A R, et al. Stability of xenon oxides at high pressures [J]. Nature Chemistry, 2013 (5): 61~65.

[37] Brock D S, Schrobilgen G J. Synthesis of the missing oxide of xenon, XeO_2, and its implications for Earth's missing xenon [J]. Journal of the American Chemical Society, 2011 (133): 6265~6269.

[38] Hermann A, Schwerdtfeger P. Xenon Suboxides Stable under Pressure [J]. The Journal of Physical Chemistry Letters, 2014 (5): 4336~4342.

2 计算的基本原理与方法

从头算计算是基于已知的物理定律，而不是其他的假设推断。例如，根据原子核和电子相互作用的原理和运动的规律，通过量子力学原理求解薛定谔方程，就可以准确地计算整个体系的基态能量以及电子结构等，而且该过程没有依赖任何经验模型或拟合参数。众所周知，固体是一个包含很多粒子的复杂系统，平均每立方米的固体里有 10^{29} 数量级之高的电子和原子核，因此需要一些近似和简化来处理这么庞大的体系：首先利用玻恩-奥本海默绝热近似把原子核和电子的运动分离，然后使用 Hatree-Fock 自洽场把多电子问题简单为单电子问题来处理，以及通过电子的密度替代系统的波函数去求解定态薛定谔方程，从而能有效地减少体系的自由度，以上是密度泛函理论的简单介绍。近年来，计算机水平得到了大大的提升，一些相关方法也快速地发展起来，因此可以成熟地运用基于密度泛函理论（density functional theory，DFT）的第一性原理计算（first principle）得到材料的结构稳定性、超导性、电子性质和热力学性质等。

2.1 密度泛函理论的基本近似

当粒子的波函数确定后，该粒子的任何一个力学量的平均值以及其特定值的概率就被完全确定下来[1]。因此，量子力学中的核心问题是求解波函数的波动方程——薛定谔方程。密度泛函理论的核心思想是对于多粒子体，其所有的基态物理性质可以通过体系的粒子数密度的泛函积分来唯一确定[2]。

2.1.1 多粒子系统的薛定谔方程

对一个非常复杂的多粒子体系，其薛定谔方程可以写成以下形式：

$$H_{TOT} \Psi(\boldsymbol{r}, \boldsymbol{R}) = E_{TOT} \Psi(\boldsymbol{r}, \boldsymbol{R}) \tag{2.1}$$

式中，$\boldsymbol{r}$ 是所有电子的坐标；$\boldsymbol{R}$ 是所有原子核的坐标；H 为整个体系的哈密顿量，不仅包括所有原子核和电子的动能，而且还包括它们之间相互作用的势能。当没有外部作用时，H_{TOT} 在形式上可以写成：

$$H_{TOT} = H_e + H_N + H_{e-N} \tag{2.2}$$

其中

$$H_e(\boldsymbol{r}) = T_e(\boldsymbol{r}) + V_e(\boldsymbol{r}) = -\sum \frac{\hbar^2}{2m} \nabla_{r_i}^2 + \frac{1}{2} \sum_{i, i'} \frac{e^2}{|\boldsymbol{r}_i - \boldsymbol{r}_{i'}|} \tag{2.3}$$

式 (2.3) 为电子的动能和电子之间的库仑势能。

$$H_N(\boldsymbol{R}) = H_N(\boldsymbol{R}) + V_N(\boldsymbol{R}) = - \sum_j \frac{\hbar^2}{2M_j} \nabla^2_{\boldsymbol{R}_j} + \frac{1}{2} \sum_{j, j'}{}' V_N(\boldsymbol{R}_j, \boldsymbol{R}_{j'}) \qquad (2.4)$$

式 (2.4) 为原子核的动能和原子核之间的势能。

$$H_{e-N}(\boldsymbol{r}, \boldsymbol{R}) = - \sum_{i, j} V_{e-N}(\boldsymbol{r}_i, \boldsymbol{R}_j) \qquad (2.5)$$

式 (2.5) 为电子和原子核之间的相互作用；m 是电子的质量，$\boldsymbol{r}_i$ 表示第 i 个电子的坐标；M_j 表示位于 $\boldsymbol{R}_j$ 处原子核质量。

2.1.2 Born-Oppenheimer 近似 (绝热近似)

众所周知，与原子核的质量 M 相比，电子的质量 m 非常小。因此，电子的运动速率远远高于原子核的运动速率，可以近似地认为电子对原子核的运动具有瞬时响应能力，即：根据缓慢运动的原子核，电子可以及时调整自己的状态。在 Born-Oppenheimer 近似，也称为绝热近似[3~5]中，可以分开求解电子和原子核的运动。多粒子体系的 Schrödinger 方程见式 (2.1) 的解可以写成如下形式：

$$\Psi(\boldsymbol{r}_i, \boldsymbol{R}_j) = \chi(\boldsymbol{R}_j)\Phi_{\boldsymbol{R}}(\boldsymbol{r}_i) \qquad (2.6)$$

式中，$\Phi_{\boldsymbol{R}}(\boldsymbol{r}_i)$ 是描述电子运动的波函数，原子核坐标的瞬时位置 $\boldsymbol{R}$ 在电子波函数中作为参数出现；$\chi(\boldsymbol{R}_j)$ 是原子核运动的波函数。

在绝热近似下，多粒子体系的薛定谔方程 (见式 (2.1)) 可以分解为以下两个方程：

$$\left\{ - \sum \frac{\hbar^2}{2m} \nabla^2_{\boldsymbol{r}_i} + \frac{1}{2} \sum_{i, i'} \frac{e^2}{|\boldsymbol{r}_i - \boldsymbol{r}_{i'}|} + \sum_{i, j} V_{e-N}(\boldsymbol{r}_i, \boldsymbol{R}_j) \right\} \Phi_{\boldsymbol{R}}(\boldsymbol{r}_i) = E_{e, \boldsymbol{R}}\Phi_{\boldsymbol{R}}(\boldsymbol{r}_i)$$

$$\qquad (2.7)$$

$$\left\{ - \sum_j \frac{\hbar^2}{2M_j} \nabla^2_{\boldsymbol{R}_j} + \frac{1}{2} \sum_{j, j'}{}' V_N(\boldsymbol{R}_j, \boldsymbol{R}_{j'}) + E_{e, \boldsymbol{R}} \right\} \chi(\boldsymbol{R}_j) = E_{TOT}\chi(\boldsymbol{R}_j) \qquad (2.8)$$

式 (2.7) 为多电子的薛定谔方程，原子核坐标的瞬时位置 $\boldsymbol{R}$ 仅以参量的方式对电子的哈密顿量产生影响；式 (2.8) 为原子核的薛定谔方程，原子核等效于在一个 $E_{e, \boldsymbol{R}}$ 的势场中运动[3]。

在绝热近似下，式 (2.7) 和式 (2.8) 表示在求解固体的多粒子薛定谔方程过程时，薛定谔方程可以分为两部分：(1) 固定不变的晶格中电子的运动；(2) 电子电荷分布均匀的空间中原子核的运动。

2.1.3 Hartree-Fock 近似

多电子薛定谔方程 (见式 (2.7)) 也可以用如下形式表示：

$$\left[- \sum_i \nabla^2_{r_i} + \sum_i V(r_i) + \frac{1}{2} \sum_{i,i'}{}' \frac{1}{|r_i - r_{i'}|} \right] \Phi = \left[\sum_i H_i + \sum_{i,i'} H_{ii'} \right] \phi = E\Phi$$

$$(2.9)$$

电子间相互作用项 $\sum_{i,i'} H_{ii'} = \frac{1}{2} \sum_{i,i'}{}' \frac{1}{|r_i - r_{i'}|}$ 的存在使式（2.9）无法通过分离变量法来求解。在这种情况下，首先对波函数的形式做一些近似处理，然后利用变分原理求解相应的能量本征方程。

Hartree[6]最早采用的是将多电子波函数 $\Phi(r)$ 表示成各个单电子波函数 $\varphi_i(r_i)$ 的连乘积形式，即：

$$\Phi(r) = \varphi_1(r_1)\varphi_2(r_2)\cdots\varphi_n(r_n) \tag{2.10}$$

对多电子体系薛定谔方程（见式（2.9））近似求解，这种近似方法被称为 Hartree 近似[6]。

基于量子变分原理，通过以下方程求解多电子体系的薛定谔方程（见式（2.9））的能量期望值 $\overline{E} = \langle \Phi | H | \Phi \rangle$。由波函数的正交归一化条件：$\langle \phi_i | \phi_j \rangle = \delta_{ij}$，式（2.9）可以简化为[4]：

$$\left[- \nabla^2 + V(r) + \sum_{i' \neq i} \int dr' \frac{|\varphi_{i'}(r')|^2}{|r' - r|} \right] \varphi_i(r) = E_i \varphi_i(r) \tag{2.11}$$

式（2.11）即单电子方程，也称为 Hartree 方程[6]。左边第一项是电子的动能，第二项是原子核对电子相互作用产生的势能，第三项是晶格中其他电子对第 i 个电子产生的库仑相互作用。Hartree 方程指出：体系中电子不仅受到原子核的作用，还有其他电子的作用，这些可以近似地用一个平均场来代替，即单电子近似。

在 Hartree 方程波函数的表达式（2.11）中，考虑了 Pauli 不相容原理，每个电子的量子态是不同的。但是电子是费米子，对任意交换的两个电子，其波函数总是反对称的[1]，Hartree 波函数不满足电子的交换反对称性，因此 Fock 对 Hartree 近似作了进一步的修改，把多电子体系的波函数表示为单电子波函数的 Slater 行列式：

$$\Phi(r) = \frac{1}{\sqrt{N!}} \begin{vmatrix} \varphi_1(q_1) & \varphi_2(q_1) & \cdots & \varphi_N(q_1) \\ \varphi_2(q_1) & \varphi_2(q_1) & \cdots & \varphi_N(q_1) \\ & & \vdots & \\ \varphi_1(q_N) & \varphi_2(q_N) & \cdots & \varphi_N(q_N) \end{vmatrix} \tag{2.12}$$

式中，$\varphi_i(q_i)$ 表示位于 q_i（包含位置坐标 r_i 和自旋坐标 s_i）处的第 i 个电子的波函数，满足正交归一化条件。

基于变分原理，可以求解 Slater 行列式的能量期望值。如果忽略自旋-轨道相互作用，则单电子波函数 $\varphi_i(\boldsymbol{q}_i)$ 就可以表示为坐标与自旋函数的直积：$\varphi_i(\boldsymbol{q}_i) = \varphi_i(\boldsymbol{r}_i)\chi_i(\boldsymbol{s}_i)$，将自旋坐标积分后，式（2.9）就可以简化为[4]：

$$\left[-\nabla^2 + V(\boldsymbol{r}) + \sum_{i' \neq i} \int d\boldsymbol{r}' \frac{|\varphi_{i'}(\boldsymbol{r}')|^2}{|\boldsymbol{r}' - \boldsymbol{r}|} \right] \varphi_i(\boldsymbol{r}) - \sum_{i'(\neq i)} \int d\boldsymbol{r}' \frac{\varphi_{i'}^*(\boldsymbol{r}')\varphi_i(\boldsymbol{r}')}{\boldsymbol{r} - \boldsymbol{r}'} \varphi_{i'}(\boldsymbol{r})$$

$$= E_i \varphi_i(\boldsymbol{r}) \tag{2.13}$$

我们称式（2.13）为 Hartree-Fock 方程[7]。

通过定义由所有已占据单电子波函数表示的 $\boldsymbol{r}$ 位置的电子数密度：

$$\rho_i(\boldsymbol{r}') = -\sum_i |\varphi_i(\boldsymbol{r}')|^2 \tag{2.14}$$

以及与所考虑的电子状态 φ_i 有关的非定域交换密度分布：

$$\rho_i^{HF}(\boldsymbol{r}, \boldsymbol{r}') = -\sum_{i'} \frac{\varphi_{i'}^*(\boldsymbol{r}')\varphi_i(\boldsymbol{r}')\varphi_i^*(\boldsymbol{r})\varphi_{i'}(\boldsymbol{r})}{|\varphi_i(\boldsymbol{r})|^2} \tag{2.15}$$

Hartree-Fock 方程可以改写为：

$$\left[-\nabla^2 + V(\boldsymbol{r}) - \int d\boldsymbol{r}' \frac{\rho(\boldsymbol{r}') - \rho_i^{HF}(\boldsymbol{r}, \boldsymbol{r}')}{|\boldsymbol{r} - \boldsymbol{r}'|} \right] \varphi_i(\boldsymbol{r}) = E_i \varphi_i(\boldsymbol{r}) \tag{2.16}$$

式中，$\rho_i^{HF}(\boldsymbol{r}, \boldsymbol{r}')$ 为由交换电子所产生的密度分布。

求解方程式（2.16）的等式左边最后一项——交换作用势与所考虑的电子状态 $\varphi_i(\boldsymbol{r}')$ 有关，因此只能通过迭代自洽的方式求解。其次，交换作用势中还涉及其他电子态 $\varphi_{i'}(\boldsymbol{r})$，使得求解时需处理 n 个电子的联立方程组。

Slater 提出可以采用对 $\rho_i^{HF}(\boldsymbol{r}, \boldsymbol{r}')$ 取平均的办法，即：

$$\bar{\rho}_i^{HF}(\boldsymbol{r}, \boldsymbol{r}') = -\frac{\sum_{i, i'} \varphi_i^*(\boldsymbol{r}')\varphi_{i'}(\boldsymbol{r}')\varphi_{i'}^*(\boldsymbol{r})\varphi_i(\boldsymbol{r})}{\sum_i \varphi_i^*(\boldsymbol{r})\varphi_i(\boldsymbol{r})} \tag{2.17}$$

可以使 Hartree-Fock 方程简化为单电子有效势方程[4]：

$$\left.\begin{aligned} &[-\nabla^2 + V_{\text{eff}}(\boldsymbol{r})]\varphi_i(\boldsymbol{r}) = E_i \varphi_i(\boldsymbol{r}) \\ &V_{\text{eff}} = V(\boldsymbol{r}) - \int d\boldsymbol{r} \frac{\rho(\boldsymbol{r}') - \bar{\rho}^{HF}(\boldsymbol{r}, \boldsymbol{r}')}{|\boldsymbol{r} - \boldsymbol{r}'|} \end{aligned}\right\} \tag{2.18}$$

式中，V_{eff} 为一个有效势场对所有的电子均匀分布。

根据 Hartree-Fock 近似，可以把多电子的薛定谔方程简化为一个单电子有效势方程。特别注意的是，Hartree-Fock 方程式（2.18）只是一个变分方程，E_i 表示拉格朗日乘子，并不直接具有能量本征值的意义。E_i 的意义是通过移走一个 i 电子且同时保持其他所有电子的状态不发生改变，多电子系统中系统能量的变化。所以，E_i 也可以被认为是"单电子的能量"，这就是能带论中著名的

Koopmans 定理[8]。然而，多电子系统中其中一个电子状态发生变化时，其他的电子状态往往也会发生相应的改变。以及 Hartree-Fock 近似没有考虑自旋反平行时电子与电子之间的相互关联作用，因此基于 Hartree-Fock 方程的单电子近似在本质上是有缺陷的，其应用有一定的局限性。

2.2　密度泛函理论

密度泛函理论（DFT）的建立基于 1964 年 Hohenberg 和 Kohn 提出的两个基本定理[9]，优点是：（1）计算量只随着电子数目的三次方增长，可以运用到较大分子的计算；（2）与 Hartree-Fock 方法相比，结果的精度明显更好。由于 DFT 方法具有十分普遍的适用性，所以已经在计算凝聚态物理、计算材料科学、量子化学、量子生物学和很多工业技术等领域中得到了成功的运用。

2.2.1　Hohenberg-Kohn 定理

定理一：多电子系统的基态电子数密度 $\rho(r)$ 与作用在系统上的微扰势 V_{ext} 之存在着一一对应关系，多电子系统的基态所有可观测物理量的期望值 $\hat{O}$ 是基态电子数密度 $\rho(r)$ 的唯一泛函[10]：

$$\langle \Phi | \hat{O} | \Phi \rangle = O[\rho(r)] \tag{2.19}$$

定理二：多电子系统的能量泛函：$\langle \Phi | \hat{H} | \Phi \rangle = H[\rho(r)] = E[\rho(r)，V_{\text{ext}}]$ 可以表示为如下形式：

$$E[\rho(r)，V_{\text{ext}}] = \langle \Phi | \hat{T} + \hat{V} | \Phi \rangle + \langle \Phi | \hat{V}_{\text{ext}} | \Phi \rangle$$
$$= F_{\text{HK}}[\rho(r)] + \int \rho(r) V_{\text{ext}}(r) \, dr \tag{2.20}$$

$F_{\text{HK}}[\rho(r)]$ 对任意多电子体系具有普适性，当 $\rho(r)$ 为外界微扰势 V_{ext} 下体系基态密度时，能量泛函 $E[\rho(r)，V_{\text{ext}}]$ 取极小值[12]。

2.2.2　Kohn-Sham 方程

Hohenberg-Kohn 定理为 DFT 理论的发展奠定了基础。然而，由于泛函 $F_{\text{HK}}[\rho(r)]$ 缺少明确的表达式，因此仍然无法对实际问题进行求解。Kohn 和 Sham 在此基础上的进一步工作[11]，使得 DFT 理论最终得到实际应用。

对于多电子系统，其能量可以表示为：

$$E_{\text{exat}} = T + V \tag{2.21}$$

式中，T 和 V 分别是多电子体系的动能和电子-电子相互作用的势能。

在 Hartree-Fock 近似下，多电子体系的能量可以写为：

$$E_{\text{HF}} = T_0 + V_{\text{H}} + E_{\text{x}} \tag{2.22}$$

式中，T_0 和 V_H 分别是在没有相互作用时粒子模型的动能和电子间势能；E_x 则为交换相互作用。在 Hartree-Fock 近似下，电子的关联相互作用并没有考虑在内。

对比式（2.21）和式（2.22），电子的关联相互作用 E_c 表示为：

$$E_c = E_{exat} - E_{HK} = (T - T_0) + (V - V_H - E_x) \tag{2.23}$$

我们定以交换关联泛函：$E_{xc} = E_x + E_c$，可以得到：

$$E_{xc} = (T - T_0) + (V - V_H) \tag{2.24}$$

这样就可以把所有未包含在无相互作用粒子模型中的其他相互作用全部归入电子的交换关联相互作用中。

Hohenberg-Kohn 定理表明泛函 $F_{HK}[\rho(r)]$ 的表达式对任意多电子体系具有普适性，因此，尽管 $F_{HK}[\rho(r)]$ 是未知的，结合式（2.24），可以将其写为：

$$F[\rho] = T_0[\rho] + V_H[\rho] + E_{xc}[\rho] \tag{2.25}$$

可以得到：

$$F[\rho] = T_0[\rho] + \frac{1}{2} \iint dr dr' \frac{\rho(r)\rho(r')}{|r - r'|} + E_{xc}[\rho] \tag{2.26}$$

等式右边的前两项分别为在没有相互作用时粒子模型的动能和库仑相互作用，最后一项 $E_{xc}[\rho]$ 为交换关联相互作用，包括无相互作用粒子模型以外的其他所有复杂的相互作用。

将式（2.26）代入式（2.20），就可以获得体系能量 $E[\rho(r), V_{ext}]$ 的一般性表达式：

$$E[\rho(r), V_{ext}] = T_0[\rho] + \frac{1}{2} \iint dr dr' \frac{\rho(r)\rho(r')}{|r - r'|} + E_{xc}[\rho] + \int \rho(r) V_{ext}(r) dr \tag{2.27}$$

根据 Hohenberg-Kohn 定理，在保证粒子数不变的情况下，由能量 $E[\rho(r), V_{ext}]$ 对 $\rho(r)$ 的变分求极小值，就可以得到 Kohn-Sham 方程[4,8,11]：

$$\{-\nabla^2 + V_{KS}[\rho(r)]\} \varphi_i(r) = E_i \varphi_i(r) \tag{2.28}$$

其中

$$V_{KS}[\rho(r)] \equiv V_{ext}(r) + V_{Coul}[\rho(r)] + V_{xc}[\rho(r)]$$

$$= V_{ext}(r) + \int dr' \frac{\rho(r')}{|r - r'|} + \frac{\delta E_{xc}[\rho]}{\delta \rho(r)} \tag{2.29}$$

$$\rho(r) = \sum_{i=1}^{N} |\varphi_i(r)|^2 \tag{2.30}$$

式中，$\rho(r)$ 表示多电子体系的基态电子数密度，$\varphi_i(r)$ 表示无相互作用系统的单电子波函数。

2.2.3 交换关联泛函 $E_{xc}[\rho]$

Kohn-Sham 方程的建立，虽然可以对多电子系统进行量子求解，但是方程中

交换关联势能泛函 $E_{xc}[\rho]$ 的形式并不清晰。因此，寻找准确、合理的交换关联势能泛函 $E_{xc}[\rho]$ 表达式是精确求解多电子体系问题的关键步骤。目前通用的近似有：局域密度近似（LDA）[11] 和广义梯度近似（GGA）[12]。

2.2.3.1　局域密度近似

局域密度近似（LDA）的基本原理是：体系是由无数个无穷小的体积元组成，每个体积元内电子数的密度变化非常缓慢，可以近似为均匀电子气体系，所以电子数密度 $\rho(r)$ 是恒定的；当体系中体积元的位置 r 变化时，相应的电子密度 $\rho(r)$ 也会发生改变，也就是说在不同的位置处，每个体积元的电子密度是不同的。我们可以用均匀电子气的交换关联能来替代每个体积元的交换关联能，然后对所有体积元的交换关联能积分求和获得体系的总交换关联能。在局域密度近似下，体系的交换关联泛函可以写成以下定域积分的形式：

$$E_{xc}^{LDA}[\rho] = \int \rho(r)\varepsilon_{xc}[\rho(r)]dr \tag{2.31}$$

式中，$\varepsilon_{xc}[\rho(r)]$ 是相互作用的均匀电子气体系中，电子数密度为 $\rho(r)$ 的每个电子的多体交换关联能，$\varepsilon_{xc}[\rho(r)]$ 只和电子数密度 $\rho(r)$ 有关。

相应地，多电子体系的交换关联势可以写为：

$$V_{xc} = \frac{\delta E_{xc}^{LDA}[\rho]}{\delta\rho} = \varepsilon_{xc}[\rho(r)] + \rho(r)\frac{d\varepsilon_{xc}[\rho(r)]}{d\rho(r)} \tag{2.32}$$

可以通过对均匀电子气体系的交换关联能差值拟合得到。对于均匀电子气，ε_{xc} 可以写成交换能和相关能之和：

$$\varepsilon_{xc} = \varepsilon_x + \varepsilon_c \tag{2.33}$$

Dirac 已给出交换能 ε_x 的表达式[13]：

$$\varepsilon_x[\rho(r)] = -C_x\rho(r)^{1/3}, \quad C_x = \frac{3}{4}\left(\frac{3}{\pi}\right)^{1/3} \tag{2.34}$$

关联能也存在多种常用的解析表达式，包括：Ceperley-Alder（CA）形式[14]、Perdew-Zunger（PZ）形式[15]、Hedin-Lundqvist（HL）形式[16]、Vosko-Wilkes-Nusiar（VWN）形式[17] 等。其中最为常用的是 1980 年 Ceperley 和 Alder 通过量子蒙特卡罗计算获得的 CA 形式[14]：

$$\varepsilon_x = -0.916/r_s \tag{2.35}$$

$$\varepsilon_c = \begin{cases} -0.2846/(1 + 1.0529\sqrt{r_s} + 0.3334r_s) & (r_s \geqslant 1) \\ -0.0960 + 0.0622\ln r_s - 0.0232r_s + 0.0040r_s\ln r_s & (r_s \leqslant 1) \end{cases} \tag{2.36}$$

以及随后 Perdew 和 Zunger 对 Ceperley 和 Alder 数据重新参数化后的 CA-PZ 形式[18]：

$$\varepsilon_x = -0.916/r_s \tag{2.37}$$

$$\varepsilon_c = \begin{cases} -0.1423/(1 + 1.9529\sqrt{r_s} + 0.3334r_s) & (r_s \geqslant 1) \\ -0.048 + 0.031\ln r_s - 0.0116r_s + 0.0020r_s(r_s \leqslant 1) \end{cases} \quad (2.38)$$

以上对于 LDA 的讨论考虑的是非自旋极化的体系，忽略了电子的自旋-轨道相互作用。对于具有自旋极化的体系，例如磁性晶体，在交换关联相互作用中应该考虑电子的自旋-轨道耦合。因此，根据电子自旋方向（自旋向上↑和自旋向下↓），体系的电子数密度分为两部分：

$$\rho_\uparrow(\boldsymbol{r}) = \sum_{i=1}^{occ} |\varphi_{i,\uparrow}(\boldsymbol{r})|^2 \quad (2.39)$$

$$\rho_\downarrow(\boldsymbol{r}) = \sum_{i=1}^{occ} |\varphi_{i,\downarrow}(\boldsymbol{r})|^2 \quad (2.40)$$

体系总的电子数密度为：

$$\rho(\boldsymbol{r}) = \rho_\downarrow(\boldsymbol{r}) + \rho_\downarrow(\boldsymbol{r}) \quad (2.41)$$

相应地，体系的交换关联泛函则写为：

$$E_{xc}^{LSD}[\rho_\uparrow, \rho_\downarrow] = \int \rho(\boldsymbol{r})\varepsilon_{xc}[\rho_\uparrow(\boldsymbol{r}), \rho_\downarrow(\boldsymbol{r})]\mathrm{d}\boldsymbol{r} \quad (2.42)$$

上式的局域密度近似被称为局域自旋密度近似（LSDA）[18]。在 LSDA 中，交换关联泛函为以下表达式：

$$E_{xc}^{LSD}[\rho_\uparrow, \rho_\downarrow] = \int \rho(\boldsymbol{r})\{\varepsilon_x[\rho(\boldsymbol{r})]f(\zeta) + \varepsilon_c[r_s(\boldsymbol{r}), \zeta(\boldsymbol{r})]\}\mathrm{d}\boldsymbol{r} \quad (2.43)$$

$\zeta = \dfrac{\rho_\uparrow - \rho_\downarrow}{\rho}$ 是相对自旋极化，$f(\zeta)$ 可以写为：

$$f(\zeta) = \frac{1}{2}[(1 + \zeta)^{4/3} + (1 - \zeta)^{4/3}] \quad (2.44)$$

2.2.3.2　广义梯度近似（GGA）

在广义梯度近似（GGA）中，通过对交换关联能中引入电子密度的梯度项来进一步描述真实体系电子密度分布的非均匀性。GGA 的基本原理：将体系划分为无数个无穷小的体积元后，每个体积元的交换关联能不仅与该体积元处的局域电子密度有关，而且还与该体积元附近其他体积元的局域电子密度有关，即在体系的交换关联泛函中引入局域密度的梯度项。GGA 中，一般多电子系统的交换关联泛函写成以下形式[18]：

$$E_{xc}^{GGA}[\rho_\uparrow, \rho_\downarrow] = \int \mathrm{d}\boldsymbol{r} f_{xc}[\rho_\uparrow(\boldsymbol{r}), \rho_\downarrow(\boldsymbol{r}), \nabla\rho_\uparrow(\boldsymbol{r}), \nabla\rho_\downarrow(\boldsymbol{r})] \quad (2.45)$$

相应地，多电子体系的交换关联势为：

$$V_{xc} = \frac{\delta E_{xc}^{GGA}[\rho]}{\delta\rho} = \frac{\partial E_{xc}^{GGA}[\rho(\boldsymbol{r})]}{\partial\rho(\boldsymbol{r})} + \nabla \cdot \frac{\partial E_{xc}^{GGA}[\rho(\boldsymbol{r})]}{\partial[\nabla\rho(\boldsymbol{r})]} \quad (2.46)$$

目前，常用的两种 GGA 交换关联泛函形式为：Perdew-Wang'91（PW91）[19]

$$E_{xc}^{GGA}[\rho] = \int d\boldsymbol{r} \varepsilon_{xc}[\rho, |\nabla\rho|, \nabla^2\rho] \tag{2.47}$$

$$\varepsilon_x = \varepsilon_x^{LDA}\left(\frac{1 + a_1 s \sinh^{-1}(a_2 s) + (a_3 + a_4 e^{-100s^2})s^2}{1 + a_1 s \sinh^{-1}(a_2 s) + a_5 s^4}\right) \tag{2.48}$$

式中，$a_1 = 0.19645$，$a_2 = 7.7956$，$a_3 = 0.2743$，$a_4 = -0.1508$，$a_5 = -0.004$，$s = \dfrac{|\nabla\rho(\boldsymbol{r})|}{2k_F\rho}$，$k_F = (3\pi^2\rho)^{1/3}$。

$$\varepsilon_c = \varepsilon_c^{LDA} + \rho H(\rho, s, t) \tag{2.49}$$

$$H(\rho, s, t) = \frac{\beta}{2\alpha}\lg\left(1 + \frac{2\alpha}{\beta}\frac{t^2 + At^4}{1 + At^2 + A^2t^4}\right) + C_{c0}[C_c(\rho) - C_{c1}]t^2 e^{-100s^2} \tag{2.50}$$

式中，$A = \dfrac{2\alpha}{\beta}[e^{-2\alpha\varepsilon_c(\rho)/\beta^2} - 1]^{-1}$，$\alpha = 0.09$，$\beta = 0.0667263212$，$C_{c0} = 15.7559$，$C_{c1} = 0.003521$，$\zeta_c(\rho)$ 定义为满足 $\varepsilon_c^{LDA}(\rho) = \rho\zeta_c(\rho)$。

而 $C_c(\rho) = C_1 + \dfrac{C_2 + C_3 r_s + C_4 r_s^2}{1 + C_5 r_s + C_6 r_s^2 + C_7 r_s^3}$，$C_1 = 0.001667$，$C_2 = 0.002568$，$C_3 = 0.0023266$，$C_4 = 7.389 \times 10^{-6}$，$C_5 = 8.723$，$C_6 = 0.472$，$C_7 = 7.389 \times 10^{-2}$，$t = \dfrac{|\nabla\rho(\boldsymbol{r})|}{2k_s\rho}$，$k_s = \left(\dfrac{4}{\pi}k_F\right)^{1/2}$，$r_s = \left(\dfrac{3}{4\pi\rho}\right)^{1/3}$。

Perdew-Burke-Ernzerhof（PBE）[12]

$$\varepsilon_x(\rho) = \int\rho(\boldsymbol{r})\varepsilon_x^{LDA}[\rho(\boldsymbol{r})]F_{xc}(s)d\boldsymbol{r} \tag{2.51}$$

式中，$F_x(s) = 1 + \kappa - \dfrac{\kappa}{1 + \mu s^2/\kappa}$，$\mu = 0.21951$，$\beta = 0.066725$，$\kappa = 0.804$。

$$\varepsilon_c = \int\rho(\boldsymbol{r})[\varepsilon_c^{LDA}(r_s, \zeta) + H(r_s, \zeta, t)]d\boldsymbol{r} \tag{2.52}$$

$$H(\rho, \zeta, t) = (e^2/a_0)\gamma\phi^3\ln\left\{1 + \frac{\beta}{\gamma}t^2\left[\frac{1 + At^2}{1 + At^2 + A^2t^4}\right]\right\} \tag{2.53}$$

式中，$\zeta = \dfrac{\rho_\uparrow - \rho_\downarrow}{\rho}$，$t = \dfrac{|\nabla\rho(\boldsymbol{r})|}{2\phi k_s\rho}$，$k_s = \left(\dfrac{4k_F}{\pi a_0}\right)^{1/2}$，$k_F = (3\pi^2\rho)^{1/3}$，$a_0 = \dfrac{\hbar}{me^2}$，$r_s = \left(\dfrac{3}{4\pi\rho}\right)^{1/3}$；

$\phi(\xi) = \dfrac{[(1+\xi)^{2/3} + (1-\xi)^{2/3}]}{2}$；$A = \dfrac{\beta}{\gamma}\dfrac{1}{\exp[\varepsilon_c^{LDA}(r_s, \zeta)/(\gamma\phi^3 e^2/a_0)] - 1}$。

2.3　高压晶体结构预测

目前实验上确定晶体结构的技术虽然已经成熟，但是在样品不纯、某些极端条件（如行星内部超高压环境）和成本高等情况下，通过实验手段来确定结构是非常困难的。理论预测是实验确定物质结构的一种有效的补充手段，并且具有成本低和易操作等优点。基于粒子群优化算法（particle swarm optimization，PSO）的 CALYPSO（crystal structure analysis by particle swarm optimization）软件可以从理论上高效地预测晶体的高压结构。

2.3.1 粒子群优化算法

粒子群优化算法（particle swarm optimization，PSO）是由 J. Kennedy 和 R. C. Eberhart 等人[20]开发的一种新的进化算法（evolutionary algorithm，EA）。PSO 起源于一个简单社会模型的仿真，它和人工生命理论以及鸟类或鱼类的群聚集现象有非常明显的联系。动物行为学家们曾仔细观察和研究过蚂蚁的觅食行为，他们发现不管最开始同一蚁巢的蚂蚁如何随机选择从蚁巢到食物的觅食路径，但是当觅食的蚂蚁增加往返次数时，蚁群总能找到最短的觅食路径。受蚁群觅食行为的启发，产生了著名的蚁群算法。同样，通过研究鸟类的捕食行为可以总结出解决优化问题的粒子群算法（PSO）。假设有一个这样的场景：一群鸟在一个区域内随机地搜寻食物，但食物只有一块，所有的鸟开始都不知道食物的位置，那么如何才能找到食物呢？最简单有效的方法是搜寻目前离食物最近的鸟的周围区域。在 PSO 算法中，每个优化问题的潜在解是搜索空间中的一只鸟，我们把它称之为"粒子"。所有的粒子都有一个被优化的函数决定的适应值（fitness value），粒子的速度决定它们飞翔的方向和每一步的位移，粒子们通过追随当前的最优粒子不断地搜索直到找到最后的目标为止。换而言之，PSO 算法是通过初始化一群随机粒子（随机解），然后不停地迭代去找最优解，在每一次的迭代中，粒子需要跟踪两个"极值"来更新自己。一个是个体极值，就是粒子本身找到的最优解。另一个是全局极值，就是当前整个种群找到的最优解。

同遗传算法类似，PSO 也是基于迭代的优化算法，但是它没有遗传算法中的交叉（crossover）以及变异（mutation），而是通过粒子追随当前最优的粒子进行搜索。同遗传算法比较，PSO 的优势在于简单，容易实现而且可以跨越整个能量区间上大的势垒。目前在函数的优化、神经网络的训练、模糊系统的控制以及其他遗传算法的应用领域都有广泛的应用。

2.3.2 CALYPSO 预测软件

基于粒子群优化算法，吉林大学马琰铭课题组开发了 CALYPSO（crystal structure analysis by particle swarm optimization）晶体结构预测软件[21,22]。它主要包括以下 5 个特点：

（1）在只给定化学配比或者外界条件（如压强）的条件下，可以预测零维纳米粒子或者团簇，二维层状结构和表面重构以及三维晶体结构的最稳定的或者亚稳的结构。

（2）通过功能导向进行新型功能材料的设计，如超导、超硬、热电、能源材料等。

（3）结构演化包括全局的粒子群优化算法、局域的粒子群优化算法和对称性的人工蜂群算法等。全局的粒子群优化算法收敛比较快。局域的粒子群优化算法可以避免很多复杂体系结构的早熟。对称性的人工蜂群算法是利用群体间充分的信息交互机制在搜索空间迭代搜索，寻找最优解，一般用于较大的体系（大于30 个原子）。

（4）该软件可以预测变化学组分的结构。

（5）该软件的兼容性非常强。支持同目前主流的结构弛豫和总能计算软件（包括 VASP、CASTEP、Quantum Espresso、GULP、SIESA、LAMMPS、Gaussian 以及 CP2K 等）的接口，更可以根据用户需求实现与其他代码的接口。

2.4　声子谱计算

在实际中，对于一个晶格振动系统，其哈密顿量 H_{vib} 有简谐和非谐两部分：

$$H_{vib} = H_h + H_{anh} \tag{2.54}$$

式中，H_h 表示简谐的哈密顿量，H_{anh} 代表非谐的哈密顿量。

$$H_h = \sum_{R,\sigma} \frac{p_{R,\sigma}^2}{2m_\sigma} + \frac{1}{2} \sum_{R,\sigma} \sum_{R',\sigma'} U_{R,\sigma} \Phi^{\sigma,\sigma'}(R + B_\sigma - R' - B_{\sigma'}) U_{R',\sigma'} \tag{2.55}$$

$$H_{anh} = \frac{1}{3!} \sum_{R,\sigma} \sum_{R',\sigma'} \sum_{R'',\sigma''} \sum_{\alpha\beta\gamma} \Phi_{\alpha\beta\gamma}^{\sigma\sigma'\sigma''}$$

$$(R + B_\sigma, R' + B_{\sigma'}, R'' + B_{\sigma''}) U_{R\sigma\alpha} U_{R'\sigma'\beta} U_{R''\sigma''\gamma} + \cdots \tag{2.56}$$

式中，R 是原子的平衡晶格位置；B_σ 表示原子相对布拉维格子的位置；$U_{R,\sigma}$ 是原子的位移；m_σ 是原子的质量；$p_{R,\sigma}$ 是原子的角动量；$\Phi^{\sigma,\sigma'}$ 是原子间力常数矩阵；$\Phi_{\alpha\beta\gamma}^{\sigma\sigma'\sigma''}$ 是描述三阶非谐效应对势能贡献的张量。

通常描述动力学稳定性常用的方法是基于简谐近似，不包括非谐项的贡献。针对这个问题，P. Souvatzis[23] 发展了自洽从头分子动力学（SCAILD）。

2.4.1　准简谐晶格动力学

在准简谐晶格动力学中，通过引入简正的声子坐标 $Q_{k,s}$ 和 $P_{k,s}$ 使晶体的哈密顿量表示成独立的 $3N$ 个简谐振子：

$$U_R = \frac{1}{\sqrt{MN}} \sum_{k,s} Q_{k,s} \varepsilon_{k,s} e^{ikR} \tag{2.57}$$

$$P_R = \frac{1}{\sqrt{MN}} \sum_{k,s} P_{k,s} \varepsilon_{k,s} e^{ikR} \tag{2.58}$$

$$H_h = \sum_{k,s} \frac{1}{2} (P_{k,s}^2 + \omega_{k,s}^2 Q_{k,s}^2) \tag{2.59}$$

式中, $\omega_{k,s}$ 和 $\varepsilon_{k,s}$ 为第一布里渊区的每一个波矢 k 的本征值和本征矢量; s 为不同声子模式 (声学支或光学支) 的符号。

操作算符的热力学平均 $Q_{k,s}^\dagger Q_{k,s}$ 决定了原子的位移均方, 其表达式:

$$\langle Q_{k,s}^\dagger Q_{k,s} \rangle = \frac{\hbar}{\omega_{k,s}} \left[\frac{1}{2} + n\left(\frac{\hbar\omega_{k,s}}{k_B T} \right) \right] \tag{2.60}$$

式中, $n(x) = 1/(e^x - 1)$ 是普朗克函数。在经典极限条件下, 即足够高的温度下, 算符 $(1/\sqrt{M}) Q_{k,s}$ 可以用下式代替:

$$A_{k,s} = \pm \sqrt{\frac{\langle Q_{k,s}^\dagger Q_{k,s} \rangle}{M}} \tag{2.61}$$

以原子位移作变量, 对式 (2.55) 求偏导就得到回复力:

$$F_R = - \sum_{R'} \Phi(R - R') U_{R'} \tag{2.62}$$

对上式使用傅里叶变换后, 并将式 (2.57) 代入得:

$$F_k = - \sum_s M\omega_{k,s}^2 A_{k,s} \varepsilon_{k,s} \tag{2.63}$$

最后通过 $\varepsilon_{k,s}$ 的正交性, 声子的频率可以写成:

$$\omega_{k,s} = \left[- \frac{1}{M} \frac{\varepsilon_{k,s} F_k}{A_{k,s}} \right]^{1/2} \tag{2.64}$$

最终得到无虚频的声子谱, 满足动力学稳定性。此时任何声子模式的激发都将导致总能量的升高, 每个原子的位置使 U_R 处于最小值。需要指出的是, 这里只需要局域极小值, 不需要整体的极小值。当声子谱出现虚频, U_R 取的不是极小值, 表示晶格内自发的原子面滑动或者原子的移动, 会使得体系总能更小。

当非谐作用比较小时, 以上公式可以很好地处理与热膨胀相关的非谐部分。定性的理解: 原子间的化学键越长, 它们之间的力越弱, 因此频率会越低, 熵会增加, 声子谱的变化几乎完全来自于热膨胀。准简谐晶格动力学计算声子色散关系的方法一种是线性响应方法, 一种是超晶胞方法。这两种方法都是基于密度泛函理论来求解的。

2.4.1.1 线性响应方法

线性响应方法[24]可以计算所有波矢为 q 的声子, 通过内插法得到体系中整个布里渊区的声子色散关系图。基本原理是: 在绝热近似下, 晶格中离子在其平衡位置附近的振动非常小，所以它受到外势场影响的程度就比较弱，因此，把外势场的变化 $\Delta V(q)$ 看成对电子基态的一个"静态"的微扰。根据 Hellmann-Feynman 理论，简谐近似下离子间的力常数可以通过求解基态电荷密度 $\rho(r)$ 对离子偏移量 μ_i 的偏导数 $\partial\rho(r)/\partial u_i$ 得到。这样，一级微扰理论可以很好地描述电子基态的密度泛函理论，从而构造出一个新的关于势场变化 $\Delta V(q)$ 和电荷密度响应 $\partial\rho(r)/\partial u_i$ 的自洽方程。通过求解这个自洽方程可以得到 $\partial\rho(r)/\partial u_i$，再进一步计算力常数后得到动力学矩阵，最后从这个矩阵里求解所有 q 点的声子。

该方法可以计算很多复杂材料的声子，原因在于它不用强制材料原胞的边界和微扰的波矢正交，也不用扩胞就可以求解得到任意的波矢。此外，玻恩有效电荷也可以直接通过该方法计算得到。因此，可以合理地预测声子光学支劈裂和科恩反常。尽管线性响应方法可以得到精确的声子色散关系，但是比较耗时。

2.4.1.2 超晶胞方法

超晶胞方法[25]的基本原理是：对平衡的结构引入一个较小的原子位移，然后计算该原子位移引起的作用在原子上的 Hellmann-Feynman 力，最后通过构造的动力学矩阵得到声子色散曲线。单胞只能描述一个波长内波矢 q 在 Γ 点的振动行为，无法完整地描述整个布里渊区的振动行为。为了得到精确的结果，我们可以通过构建一个较大的超晶胞来实现。

求解离子间相互作用的力常数矩阵是晶格振动行为的一个关键步骤。原因是在倒空间内，离子间相互作用的力常数矩阵可以转化为动力学矩阵，将动力学矩阵对角化后，每一支模式的频率及其对应的振动模式都可以得到，即所谓的本征值和本征矢。这个求解过程虽然看起来难以实现，但是实际上，可以用一些简单的方法求解力常数，例如在一定的超晶胞基础上，对一些特定的离子在其平衡位置附近进行微小的位移，然后在简谐近似下，利用任意一种第一性原理计算软件都可以计算出作用在各个离子上的力，即 Hellmann-Feynman 力。有了 Hellmann-Feynman 力，就可以构造力常数矩阵并且最终得到声子色散曲线。

以上的过程通过现有的第一性原理计算软件就可以实现，不需要另外编写复杂的计算程序，因此许多小组都使用超晶胞方法来获得声子色散关系图。但是该方法对复杂体系的计算量非常大，原因是它不仅要求原胞边界和声子波矢正交，而且要求较大的超晶胞使晶胞外的 Hellmann-Feynman 力可以忽略不计。此外，横、纵光学支的劈裂也不能用它来很好地处理，因为这些劈裂需要在玻恩有效电荷和介电常数已知的情况下才可以计算出。所以，超晶胞方法有一定的局限性。

2.4.2 自洽从头算晶格动力学

当非简谐效应较大时，准简谐晶格动力学不能够很好地处理非简谐部分的影响，往往会出现虚频，而且这种虚频不能够通过热膨胀来修正。最近，P. Souvatzis[23] 提出了自洽从头算晶格动力学（SCAILD）方法，考虑了声子之间的相互作用来处理非谐效应较强的体系。

将式（2.57）代入式（2.54）得：

$$H = \frac{1}{2} \sum_{k,s} \left[P_{k,s}^2 + \omega_{k,s}^2 \left(1 + \frac{1}{3} \sum_{k_1,k_2} \sum_{s_1,s_2} A(k, k_1, k_2, s, s_1, s_2) \frac{Q_{k_1,s_1} Q_{k_2,s_2}}{Q_{k,s} \omega_{k,s}^2} + \cdots \right) Q_{k,s}^2 \right] \tag{2.65}$$

$$A(k, k_1, k_2, s, s_1, s_2)$$
$$= \frac{1}{(MN)^{3/2}} H$$
$$= \sum_{R,R_1,R_2} \sum_{\alpha\beta\gamma} \Phi_{\alpha\beta\gamma}(R, R_1, R_2) \varepsilon_{k,s,\alpha} \varepsilon_{k_1,s_1,\beta} \varepsilon_{k_2,s_2,\gamma} e^{i(Rk+R_1k_1+R_2k_2)} \tag{2.66}$$

显然以上的式子不是 N 个独立的分哈密顿量的表达式，然而可以用 $\sqrt{M} R_{k,s}$ 代替 $Q_{k,s}$，构造一个平均场哈密顿量：

$$H^{MF} = \sum_{k,s} \frac{1}{2} (P_{k,s}^2 + \overline{\omega}_{k,s}^2 Q_{k,s}^2) \tag{2.67}$$

这里

$$\overline{\omega}_{k,s}^2 = \omega_{k,s}^2 \left(1 + \frac{\sqrt{M}}{2} \sum_{k_1,k_2} \sum_{s_1,s_2} A(k, k_1, k_2, s, s_1, s_2) \frac{R_{k_1,s_1} R_{k_2,s_2}}{R_{k,s} \omega_{k,s}^2} + \cdots \right) \tag{2.68}$$

从这里可以看出，只需给一个初始的声子模式（猜测）和 $A(k, k_1, k_2, s, s_1, s_2)$，我们就可以利用自洽迭代解决该方法包括式（2.60）、式（2.61）、式（2.67）和式（2.68）构成的方程组。

关于 SCAILD 方法的具体操作步骤如下：首先对一个超胞（包含多个原胞）的声子谱进行初始的猜测，这个可以通过常用的简谐计算声子谱的软件如 phon、phonony 等获得；然后根据猜测的声子谱以及式（2.57）、式（2.60）和式（2.61）来计算原子的位移，特别注意的是振幅 $A_{k,s}$ 应该随机选取，保证等概率的+和−；此外，phon 等简谐近似计算软件得到的声子谱可能存在虚频，为了利用式（2.60）和式（2.61）计算这些模式的傅里叶振幅 $R_{k,s}$，需要对该 k 区域的频率进行一次猜测，SCAILD 方法取虚频的绝对值 $|\omega_{k,s}|$ 作为该实频率的猜测值。

任何标准的第一性原理方法（我们使用 VASP）都可以计算位移 U_R 产生的力，然后对这些力进行傅里叶变换后得到新的声子谱。下一步计算中又以该声子谱为参数产生新的位移，重复前面的计算，直到前后两次计算得到的声子谱差别达到设定的收敛判据。图 2.1 所示为 SCAILD 方法的计算步骤。该方法考虑了比简谐近似高一阶的非简谐项，可以处理大多数非谐效应较强的体系。

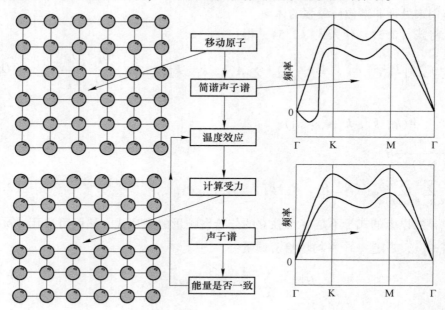

图 2.1　SCAILD 方法的计算流程

2.5　高温超导理论

某些材料在低于某一温度时，其电阻会消失变成零，呈超导状态。使超导体电阻为零的温度，称为超导临界温度。超导现象最初是荷兰科学家海克·卡末林·昂内斯等人在 1911 年发现的。对于超导体的分类，通常方法有以下几种：

（1）材料组成：化学材料超导体（铅和水银等）、合金超导体（铌钛合金）、氧化物超导体（钇钡铜氧化物）和有机超导体（碳纳米管）。

（2）临界温度：低温超导体和高温超导体。低温超导体的转变温度需要特殊的技术才可以达到；高温超导体的转变温度会达到氮气液化的温度（大于 77K）。

（3）磁场响应：第一类超导体和第二类超导体。第一类超导体只有一个临界磁场，当超过临界磁场的时，其超导性会消失为零；第二类超导体有两个临界磁场，在这两个临界值之间可以允许部分磁场穿透材料。

（4）超导的机制：传统超导体（可以用巴库斯理论解释）和非传统超导体（不能用上述理论解释）。

巴库斯理论（BCS）[26~28]是由美国伊利诺斯大学的约翰·巴丁（John Bardeen）、里昂·库珀（Leon N. Cooper）和约翰·斯里弗（John. R. Schrieffer）在1957年提出的，用于解释常规超导体机制的。这一理论成功地预言了电子对能隙的存在，并且解释了超导现象。超导电性是由于电子和晶格振动相互作用产生的。在超导态金属中，以晶格波为媒介，电子可以互相吸引形成电子对，无数的电子对相互重叠又常常互换搭配对象形成一个整体，最后电子对形成的整体流动会产生超导电流。如果要把电子对拆开，就需要一定的能量。因此超导体中基态和激发态之间存在能量差，即能隙。

原始BCS理论[27]中，计算超导转变温度 T_c 的公式是：

$$T_c = 1.14 \langle \omega \rangle \exp[-1/N(0)V] \tag{2.69}$$

式中，$\langle \omega \rangle$ 为对所有声子频率的求平均，$N(0)$ 为在费米能级处的电子态密度；V 为声子交换时产生的电子对吸引势。

从式（2.69）可以看出，当 $\langle \omega \rangle$ 增大时，T_c 也会升高，而 $\langle \omega \rangle$ 和 $M^{-\frac{1}{2}}$ 成正比关系，因此 T_c 与 $M^{-\frac{1}{2}}$ 也成正比关系。所以这个公式可以很好地解释超导体的同位素效应。$N(0)$ 在以上公式中位于指数的位置，因此它对 T_c 的影响非常大。一般当压强改变时，$N(0)$ 会发生显著的变化，所以该公式可以计算不同压强下的超导转变温度。但要注意的是，上式是在弱耦合的条件下推导出来的，因此对强耦合的超导材料并不能适用。

2.5.1 Eliashberg 方程

基于BCS理论，G. M. Eliashberg[29]和 Y. Nambu[30]进一步提出了超导微观理论，将电子-声子相互作用处理到了 $(m/M)^{\frac{1}{2}}$ 的数量级（m 和 M 分别为电子和离子的质量），从而导出了 Eliashberg 方程。它包含温度这个参数，是关于Matsubara 带隙 Δ 和重正化因子 Z 的两个非线性耦合方程。

需要指出的是，根据电子-声子相互作用强度的变化，Eliashberg 方程可以分成各向同性的（Isotropic）和各向异性的（Unisotropic）[31]。各向同性是在费米面各处，电子-声子相互作用强度都是相同的，超导体只有一个能隙；各向异性是在费米面的不同位置，电子-声子相互作用是不同的，是随着电子波矢 k 变化的，能隙也是随 k 变化的。各向异性的 Eliashberg 方程可以用来描述常见的双隙模型（Two-gap model）[32,33]。

2.5.2 McMillan 方程

由于 Eliashberg 方程对超导转变温度 T_c 的求解过程十分复杂，需要利用一些近似或其他方法来处理。W. L. McMillan[34]对 Eliashberg 方程进行了一些简化后得到了关于 T_c 解析形式的近似公式，结合已有的实验数据，数值拟合确定未知的参数，从而导出了 T_c 的"半经验"方程，即 McMillan 方程：

$$T_c = \frac{\Theta_D}{1.45}\exp\left[-\frac{1.04(1+\lambda)}{\lambda-u^*(1+0.62\lambda)}\right] \tag{2.70}$$

式中，Θ_D 和 u^* 分别为德拜温度和反抗超导电性的屏蔽库仑赝势；u^* 为一个经验参数，可以通过实验参数拟合得出。

其中电声耦合系数 λ 的公式如下：

$$\lambda = 2\int\frac{d\omega\alpha^2F(\omega)}{\omega} = \sum_{qv}\lambda_{qv}\omega(\boldsymbol{q}) \tag{2.71}$$

电声相互作用谱函数 $\alpha^2F(\omega)$：

$$\alpha^2F(\omega) = \frac{1}{2\pi N(\varepsilon_F)}\sum_{qv}\frac{\gamma_{qv}}{\hbar\omega_{qv}}\delta(\omega-\omega_{qv}) \tag{2.72}$$

式中，λ_{qv} 为某支声子模式对应的电声耦合系数。

$$\lambda_{qv} = \frac{\gamma_{qv}}{\pi\hbar N(\varepsilon_F)\omega_{qv}^2} \tag{2.73}$$

式中，γ_{qv} 和 $N(\varepsilon_F)$ 分别为电声耦合导致的线宽和费米能级处的电子态密度。

$$\gamma_{qv} = 2\pi\omega_{qv}\sum_{kij}|g_{qv}(\boldsymbol{k},i,j)|^2\delta(\varepsilon_{ki}-\varepsilon_F)\delta(\varepsilon_{(k+q)j}-\varepsilon_F) \tag{2.74}$$

$$g_{qv}(\boldsymbol{k},i,j) = \left(\frac{\hbar}{2M\omega_{qv}}\right)^{\frac{1}{2}}\langle\phi_{i,k}|\delta V_q e_{qv}|\phi_{j,k+q}\rangle \tag{2.75}$$

式中，$g_{qv}(\boldsymbol{k},i,j)$ 为电声相互作用矩阵元，其物理意义是表示处于 $\phi_{i,k}$ 态的电子以频率 ω_{qv} 的声子为媒介散射到 $\phi_{j,k+q}$ 态的概率；M 为离子的质量；δV_q 为有效外势场对离子偏移的一阶导数；e_{qv} 为投影于声子的本征矢方向。

当 $\lambda < 1$ 时，McMillan 方程都可以很好地适用，当 $\lambda > 1$ 时的体系，这个方程还需要进一步改进。

2.5.3   Allen-Dynes 修正的 McMillan 方程

P. B. Allen 和 R. C. Dynes[35]在 McMillan 方程的基础上进行了修正：

$$T_c = \frac{\omega_{\log}}{1.2}\exp\left[-\frac{1.04(1+\lambda)}{\lambda-u^*(1+0.62\lambda)}\right] \tag{2.76}$$

$$\omega_{\log} = \exp\left[\frac{\lambda}{2}\int d\omega\ln(\omega)\frac{\alpha^2F(\omega)}{\omega}\right] \tag{2.77}$$

式中，$\omega_{\log}$ 为声子频率的对数平均值。

式（2.77）可以处理 $\lambda < 1.5$ 的超导体系。对更大 λ 的体系，公式需要进一

步修正，即：

$$T_c = f_1 f_2 \frac{\omega_{\log}}{1.2} \exp\left[-\frac{1.04(1+\lambda)}{\lambda - u^*(1+0.62\lambda)}\right] \tag{2.78}$$

该方程适用于 $\lambda < 3.0$ 的体系。其中 f_1 和 f_2 的定义分别为：

$$f_1 = \left[1 + \left[\frac{\lambda}{2.46(1+3.8u^*)}\right]^{\frac{3}{2}}\right]^{\frac{1}{3}} \tag{2.79}$$

$$f_2 = 1 + \frac{(\omega_2/\omega_{\log} - 1)\lambda^2}{\lambda^2 + [1.82(1+6.3u^*)(\omega_2/\omega_{\log})]^2} \tag{2.80}$$

式中，ω_2 为谱函数的形状；f_1 和 f_2 分别为强耦合修正和形状修正。

该书计算的富氢化合物的 λ 值比较小，因此选取麦克米兰方程来计算超导转变温度。

2.6 电子性质研究

为了衡量在某一位置的参考电荷周围空间找到一个具有自旋相同电子的可能性，1990 年 Axel D. Becke 和 K. E. Edgecombe[36]首次引入了电子局域函数（electron localization function, ELF）的概念，它是一种表征电子对在多电子体系中概率分布的方法。电子局域最初表征为：

$$D_\sigma = \tau_\sigma(r) - \frac{1}{4}\frac{[\nabla\rho_\sigma(r)]^2}{\rho_\sigma(r)} \tag{2.81}$$

式中，τ 和 ρ 分别为动能密度和电子的自旋密度。

在电子局域的区域，D_σ 一般认为很小。从以上的式子可以看出，D_σ 所表现的局域程度显任意性，因此将它和均衡的自由电子气自旋密度进行比较，即：

$$D_\sigma^0 = \frac{3}{5}(6\pi^2)^{\frac{2}{3}}\rho^{\frac{5}{3}}(r) \tag{2.82}$$

比率为：

$$\mathcal{X}_\sigma(r) = \frac{D_\sigma(r)}{D_\sigma^0(r)} \tag{2.83}$$

对以上的式子进行归一化后得到：

$$\mathrm{ELF}(r) = \frac{1}{1 + \mathcal{X}_\sigma^2(r)} \tag{2.84}$$

当 ELF = 1 时，电子完全局域；当 ELF = 1/2 时，等同于自由电子气。

2.7 分子动力学模拟

分子动力学（MD）方法的发展经历了一个漫长的过程。最早是由 Alder 和

Wainwright 分别于 1957 年和 1959 年提出。并且他们将其应用于理想的"硬球"液体模型，得到了许多关于简单液体的行为[37,38]。Rahman[39]于 1963 年采用连续势模型研究了液体的 MD 模拟。1974 年，Stillinger 和 Rahman[40]首次将 MD 方法用于真实体系的模拟。Parrinello 和 Rahman[41]于 1981 年提出了恒定压强的 MD 模型，并且使得随内部粒子运动，元胞的形状也可以随着改变，这是 MD 发展的里程碑。时至今日，MD 已日趋成熟，并且已经广泛用来模拟物理、化学和生物系统的微观动力学行为。

2.7.1　从头算分子动力学

要进行分子动力学模拟，其中最主要的一点就是要知道原子间的相互作用势。如果直接从求解电子基态薛定谔方程出发，不引入任何经验参数，来得到原子间相互作用势，就构成了第一性原理的分子动力学方法。

1985 年，Car 和 Parrinello[42]提出了从头算分子动力学方法，第一次实现了分子动力学方法和密度泛函理论的结合，将第一原理的计算结果直接用来进行力学统计，这一思想极大地推进了计算机模拟实验的发展，并已成为计算机模拟实验当中最重要和最先进的方法之一。

在 Car 和 Parrinello 的从头算分子动力学方法中引入了一个虚拟的系统，其广义经典拉格朗日量为：

$$L = \sum_i^{occ} \int d r \mu_i \mid \dot{\varphi}_i(r) \mid^2 + \frac{1}{2} \sum_I M_I \dot{R}_I^2 - E[\{\varphi_i\}, \{R_I\}] +$$
$$\sum_{i,j} \Lambda_{ij} \left[\int d r \varphi_i^*(r) \varphi_j(r) - \delta_{ij} \right] \tag{2.85}$$

式中，L 为二套参量 $\{\varphi_i\}$ 和 $\{R_I\}$ 的泛函；μ_i 相当于电子的质量；式中第一、二项分别对应电子和离子的动能；$E[\{\varphi_i\}, \{R_I\}]$ 是电子和离子耦合虚拟系统的势能；最后一项乘子 Λ_{ij} 的引入是为了确保 $\{\varphi_i\}$ 的正交性约束条件。

从式（2.85）就可以得到这个虚拟系统的离子和电子波函数的运动方程，分别为：

$$F = M_I \frac{\partial^2 R_I}{\partial t^2} = -\frac{\partial E}{\partial R_I} \tag{2.86}$$

$$\mu \frac{\partial \varphi_i}{\partial t} = -\frac{\partial E}{\partial \varphi_i^*} + \sum_j \Lambda_{ij} \varphi_j \tag{2.87}$$

系统的轨迹可以通过求解式（2.86）和式（2.87）得到，通过控制不同参量，就能够对系统进行各种热力学处理。

从头算分子动力学方法已经有 20 多年的历史，经过大量的实践，已被证明能很好地用于凝聚态系统电子特性、结构特性以及动力学特性等相关性质的研究。它一方面可以得到模拟体系的基态结构以及电子特性，另一方面还可以研究有限温度下体系的电子和离子特性。这种方法精度高，但计算非常复杂，对计算机硬件的要求很高，因此其适用范围受到一定的限制，大多数情况下用于模拟小体系在高温高压下的行为，或者预测材料的性质。

2.7.2 经典分子动力学

如果通过构造原子间的相互作用势函数，并拟合经验数据来得到势参数，这种方法称之为经典的分子动力学方法。

经典分子动力学方法使用差分近似求解牛顿运动方程，并追踪系统的时间变化。用分子动力学方法处理由 N 个粒子组成的系统的运动过程，就需要对 $3N$ 个牛顿运动方程组求解。解析求解无法处理多粒子体系，因此可以采用有限差分法来处理。

经典 MD 模拟虽然没有第一性原理模拟的结果精确，但其模拟的程序简单，并且计算量较小，可以模拟相当大的体系，因此具有巨大的发展潜力和良好的应用前景。

2.7.3 准从头算分子动力学

提出并广泛使用"准从头算分子动力学"模拟概念的是瑞典的 Belononshko 教授及其研究组[43~46]。准从头算分子动力学模拟从本质上来说也是经典的分子动力学模拟，只是它是通过拟合第一性原理计算得到的总能或原子间受力情况来获得势参数。直接从第一原理计算出发构造原子间相互作用势的方法有很多，如从头计算法、有效介质理论方法和紧束缚方法等。具有代表性的第一性原理原子间相互作用势是由陈难先等人提出的反演势，即从第一性原理计算得到的结合能曲线出发，运用三维晶格反演方法严密推导出的原子间相互作用势，即 Sutton-Chen 势[47]。2000 年，Belononshko 等人[44,45]采用 Sutton-Chen 嵌入原子势模型，拟合全势线性糕模轨道方法计算得到的总能数据，确定出了 Fe 和 Cu 的势参数，结合分子动力学模拟方法得到了 Fe 和 Cu 的熔化曲线；同时采用 Tosi-Fumi 对势模型，类似地拟合确定了 LiF 的势参数，计算了 LiF 的高压熔化线，并通过单相与两相方法结果的比较得出了"两相方法是可靠的而单相方法是不准确的"的结论[43]。

2.7.4 分子动力学模拟的系综

系综并不是实际的客体，它是统计物理中一个假想的工具，是指结构完全相同的大量系统的一个集合。系综理论的基本观点是，通过相应微观量的时间平均来得到宏观量，这里时间平均就相当于系综平均。各态历经假说是系综的一个基本假设：宏观系统只要经过足够长的时间，必将有可能历经每一个对应的微观态。根据宏观约束条件，常用的系综可以分为以下几类：

微正则系综（NVE），表示体系的粒子数 N、体积 V 和总能量 E 固定。该系综在分子动力学模拟中用得比较广泛。模拟中系统的压强 p 和温度 T 在模拟过程中可能会围绕某一值上下波动。平衡体系与外界环境即没有粒子交换，也没有能量交换，是孤立系统。熵 $S(N, V, E)$ 是微正则系综的特征函数。

正则系综（NVT），全称应为"宏观正则系综"，表示体系的粒子数 N、体积 V 和温度 T 固定。由于系综体积大，可以忽略表面效应和边界条件的影响。这时，系统压强 p 和总能量 E 在模拟过程中可能会围绕某一值上下波动。平衡体系通过与大热源接触来达到平衡。亥姆霍兹自由能 $F(N, V, T)$ 是正则系综的特征函数。

等温等压系综（NPT），表示体系的粒子数 N、压强 p 和温度 T 固定。其系统体积 V 和总能量 E 在模拟过程中可能会有一定的波动。吉布斯自由能 $G(N, p, T)$ 是其特征函数。这种系综是最常见的系综，许多分子动力学模拟都在该系综下进行。

等压等焓系综（NHP），表示体系的粒子数 N、压强 p 和焓值 H 固定。由于 $H = E + pV$，从而在该系统下，压强与焓值在模拟时是固定值，调节起来会有一定困难。因此，这种系统已经很少在分子动力学模拟中使用。

可以看出，这些系综大多都需要通过调节温度或压强来保证其不变量，所以在 MD 模拟中的关键问题就是如何控制温度和压强的变化。常用的温度控制方法主要包括热浴法和速度标度法。常用的压强控制方法主要包括压浴法和体积标度法。

2.7.5　温度控制方法

在统计力学中，平衡系统微观粒子的速度或动能与系统的温度直接相关：

$$E_K = \frac{3}{2} N k_B T \tag{2.88}$$

式中，E 为系统的动能；T 为温度；k_B 为玻耳兹曼常数。

因此在 MD 模拟过程中可以通过调节粒子的速度来调节系统的温度，也可以通过把模拟体系和一个巨大的温度恒定的"热浴"（isothermal bath）相接触，从而给体系强加一指定的温度。具体方法有以下几种：

（1）速度标定法。由于温度和动能相关，因此直接对速度进行标定是一种最直观和最简单的方法[48]。假设某一时刻系统的温度为 T，速度乘以标度因子 λ 后达到我们所期望的温度 $T_0 = \lambda^2 T$，则应该有

$$T_0 - T = (\lambda^2 - 1)T \tag{2.89}$$

从而可以求得标度因子：

$$\lambda = \sqrt{\frac{T_0}{T}} \tag{2.90}$$

要得到特定的温度，只需要将每个原子的速度乘以标度因子 λ 即可。这种方法适用于快速升温或降温。

（2）Berendsen 方法。该方法假设系统和一个温度恒定为 T_0 的热浴相接触，通过标度速度来保持温度的变化率和热浴与系统间的温差成比例，设某一时刻的温度为 T，则乘以标度因子后温度变为 $\lambda^2 T$，时间步长为 Δt，则有[49]：

$$\frac{\lambda^2 T - T}{\Delta t} = \frac{1}{\tau}(T_0 - T) \tag{2.91}$$

可求出标度因子：

$$\lambda = \sqrt{1 + \frac{\Delta t}{\tau}\left[\frac{T_0}{T} - 1\right]} \tag{2.92}$$

这种方法的优点是系统的温度可以在期望值附近起伏变化，参数 τ 可控制振动幅度，通常取为 0.1~0.4ps。

（3）Andersen 热浴。Andersen 热浴[50]中体系与指定了温度的热浴相耦合。这种耦合作用通过与随机选取的粒子间的或碰撞作用来实现。体系和热浴之间耦合的强度受随机碰撞频率的影响。频率增加，体系达到所需要温度的时间较短，反之，则需要较长的时间。粒子碰撞过程遵从牛顿定律，两次连续的碰撞之间不相关，可以用泊松分布来描述时间间隔分布 $P(t, v)$：

$$P(t, v) = v\exp(-vt) \tag{2.93}$$

碰撞频率 v 的选取是 Andersen 热浴参数的选取中比较重要的，就这点 Andersen 在文献 [14] 中进行了详细的论述。但是，由于 Andersen 热浴中，体系和热浴之间通过随机碰撞的方式相互交换能量，这种随机碰撞以一种不真实的方式扰乱了系统本身的动力学过程。因此，它是非物理的，不适用于测定系统的动力学性质（如扩散系数）。

（4）Nosé-Hoover 热浴。Nosé-Hoover 热浴是由 Nosé 和 Hoover 提出和完善的[51~53]。这种方法的实质是在运动方程中加入一摩擦力项来实现控温。Nosé 首先引进一个自由度 s 来代表热浴，可解释为时间步的标度因子。s 也具有共轭动量 p_s，与 s 相关的还有参数 Q。Q 在 Nosé-Hoover 热浴中有重要意义，它具有当体系做相应于自由度 s 运动时质量的含义，因此它代表了热浴的"热惯性"。Q 选取过大，体系和热浴之间的能量交换将变得缓慢，当 $Q \rightarrow \infty$ 的极限情况时，就又回到了传统的分子动力学模拟；另外，如果 Q 太小，体系温度将会剧烈波动，即对能量波动的阻尼作用太弱，因此 Q 的具体合适的值应该经过模拟实验结果优化。Hoover 简化后的运动方程如下：

$$\begin{cases} \zeta = \dfrac{\mathrm{d}\ln s}{\mathrm{d}t} = \dfrac{1}{s}\dfrac{\mathrm{d}s}{\mathrm{d}t} \\[2mm] \dfrac{\mathrm{d}r_i}{\mathrm{d}t} = \dfrac{p_i}{m_i} \\[2mm] \dfrac{\mathrm{d}p_i}{\mathrm{d}t} = -\dfrac{\partial U}{\partial r_i} - \zeta p_i \\[2mm] \dfrac{\mathrm{d}\zeta}{\mathrm{d}t} = \dfrac{1}{Q}\left(\sum_i \dfrac{p_i^2}{m_i} - 3Nk_BT \right) \end{cases} \qquad (2.94)$$

式中，s 为 Nosé 引入的热浴自由度；ζ 为 Hoover 引入的热力学摩擦因子；k_B 为玻耳兹曼常数；U 为势函数；T 为系统温度；N 为系统总的粒子数目。

Nosé-Hoover 热浴法已成为 MD 模拟中最常用的方法。

（5）Langevin 热浴。Langevin 热浴也可称为 Langevin 动力学[54,55]，是基于 Langevin 方程的分子动力学。相当于描述一个大粒子在小粒子介质中的运动。小粒子介质产生动量的阻尼项 γp，同时大粒子将小粒子推开原轨道。小粒子以恒定动能运动且随机"踢"大粒子，通过这种碰撞转移其动能和动量，从而保持大粒子的温度不变。对每个粒子引入耗散力和与之相应的随机力（也就是热浴，噪声项），这两项相互平衡以实现恒温的模拟。通过 Langevin 方法，每个粒子与局域的热浴耦合，避免了粒子被限制在一个局域模式里。

2.7.6　压力控制方法

宏观系统通过改变自身的体积以保持压力恒定，MD 模拟中也可以通过改变体积 V 来调节压强 p。体积波动的具体数量和绝热压缩系数 κ 有关。在给定的压强下，对容易压缩的物质，κ 较大，体积波动也就大。许多压强控制的方法和前面介绍的温度控制方法很类似，即通过重新对体系的体积进行标度而使体系压强保持恒定，或使体系与一个设定的外"等压浴"（isobaric bath）相连来进行恒压 MD 模拟。

（1）Berendsen 方法。该方法假想系统与一个压力浴相连。假设模拟盒子的标度因子为 λ，那么原子坐标的标度因子为 $\lambda^{1/3}$，假设某一时刻系统的压强为 p，期望压强为 p_0，则有[49]：

$$\lambda = 1 + \kappa \frac{\Delta t}{\tau_p}(p - p_0) \qquad (2.95)$$

粒子新的位置由 $r_i = \lambda^{1/3} r_i$ 给出。该方法主要的缺点是经过长时间的模拟，系统的压力仍可能有一定波动。并且该方法虽然可以同时调节三个方向的压力，但是不能模拟元胞受到剪切变形时的情况。

（2）Andersen 方法。Andersen[50] 将体系的体积作为一个额外的自由度引入到系统中，该自由度就像作用在系统上的一个活塞，其质量为 Q，动能是

$Q(dV/dt)^2/2$, 势能为 pV, 期望的压强为 p, 系统的体积为 V, 则哈密顿量为:

$$H = H_0 + \frac{1}{2}Q\left(\frac{dV}{dt}\right)^2 - pV \tag{2.96}$$

由此可以得到该体系的运动方程, 从而进行恒压 MD 模拟。此方法只能用于静水压的情况, 即模拟体系所受到的各个方向的压力相等。并且体系必须是立方体, 只能体积发生变化, 而体系的形状需保持不变, 所以也不能模拟剪切变形时的情况。

(3) Parrinello-Rahman 方法。鉴于上面两种方法对剪切变形模拟的失效, 1980 年 Parrinello 和 Rahman 提出了 PR 方法[56,57], 元胞的体积和形状可以同时发生变化。这种方法附加了 6 个自由度, 是对 Andersen 方法的一种扩展。下面详细介绍其具体处理过程。

PR 方法引入了体积矩阵 h 来描述模拟体系的体积和形状, 设体系的形状和体积由附在相交的三条棱上的三个矢量 a、b、c 来描述, 则:

$$h = (a \quad b \quad c) = \begin{bmatrix} a_1 & b_1 & c_1 \\ a_2 & b_2 & c_2 \\ a_3 & b_3 & c_3 \end{bmatrix} \tag{2.97}$$

因此, 体系的体积为 $V = \|h\| = a(b \times c)$, 粒子 i 的位置矢量 r_{ij} 可借助体积矩阵 h 和其单位列矢量 $s_i = \begin{bmatrix} s_{i1} & s_{i2} & s_{i3} \end{bmatrix}^T$ 得到:

$$r_i = hs_i, \quad -0.5 \leqslant s_{i1}, s_{i2}, s_{i3} \leqslant 0.5 \tag{2.98}$$

粒子 i 和 j 之间的距离为:

$$r_{ij}^2 = (s_i - s_j)^T G(s_i - s_j) \tag{2.99}$$

式中, G 是尺度张量, 且 $G = h^T h$。此时可认为体系的全部运动变量为 h 和 s, 因此只要得到这两个变量的运动规律就可以进行完整的 MD 模拟。在静水压加载下, PR 方法得到的运动方程就可以退化为 Andersen 方法的运动方程。对任意压力加载方式 (如剪切), 假设外加应力为矩阵 s, 初始体积 h_0 变为 h, 则粒子坐标由 r_0 变为 r, 则形变矢量 u 为:

$$u = r - r_0 = hs - r_0 = (hh^{-1} - 1)r_0 \tag{2.100}$$

体系的拉格朗日量为:

$$L_S = \frac{1}{2}\sum_I m_i s_i^T G s_i - \sum_i \sum_{j>1} U(r_{ij}) + \frac{1}{2}WTr(h^T h) - \frac{1}{2}Tr(\sum G) \tag{2.101}$$

粒子单位列矢量的运动方程为:

$$\ddot{s}_i = -\sum_{j \neq i} m_i^{-1} \frac{\partial U}{\partial r_{ij}}(s_i - s_j) - G^{-1}\dot{G}s_i \tag{2.102}$$

体积随时间的变化关系为:

$$Wh = (\pi - pI)\sigma - h\sum \tag{2.103}$$

式中，$\sum = h_0^{-1}(S-p)(h_0^{T})^{-1}V_0$ 是外加应力 S 带来的，$\sigma = v(h_0^{T})^{-1}$ 是关于体积和形状的变量。I 是 3×3 的单位矩阵，$p = -(1/3)Tr(S)$ 为外加应力的静水压分量，Tr 表示矩阵的迹，且有：

$$\pi = \frac{1}{V}\left(\sum_i m_i h\dot{s}_i h\dot{s}_i - \sum_i \sum_{j>i} \frac{\partial U}{\partial r_{ij}} r_{ij} r_{ij}\right) \tag{2.104}$$

　　W 为体积变化对应的虚拟质量参数，控制响应强度。一般来说 W 既要确保在模拟中系统能经过足够多的振荡，又要确保 t_0 长于动力学关联函数的衰变时间。在模拟中，这两点要求一般可以通过延长模拟时间同时得到满足。由于 PR 方法的物理含义清楚，又能适用于不同需求的 MD 模拟中，因此现在 PR 方法广泛地应用于各种 MD 模拟中。

参 考 文 献

[1] 曾谨言. 量子力学　卷 I ［M］. 北京：科学出版社，2000.

[2] Koch W, Holthausen M C. A Chemist's Guide to Density Functional Theory ［J］. Weinheim (Federal Republic of Germany)：Wiley-VCH Verlag GmbH，2001.

[3] 丁大同. 固体理论讲义 ［M］. 天津：南开大学出版社，2001.

[4] 谢希德，陆栋. 固体能带理论 ［M］. 上海：复旦大学出版社，1998.

[5] Born M, Huang K. Dynamical theory of crystal lattices ［J］. Oxford：Oxford Universityes Press，1954.

[6] Hartree D R. The wave mechanics of an atom with a non-coulomb central fiel ［J］. Mathematical Proceedings of the Cambridge Philosophical Society，1928 (24)：89.

[7] Fock V Z. The wave mechanics of an atom with a non-coulomb central field ［J］. Part Ⅱ. Some Results and Discussion. Physics Review，1930 (61)：209.

[8] 李正中. 固体理论 ［M］. 北京：高等教育出版社，2002.

[9] Hohenberg P, Kohn W. Inhomogeneous electron gas ［J］. Physics Review，1964 (136)：B864.

[10] Cottenier S. Density functional theory and the family of (L) APW-methods：a step-by-step introduction ［J］. K. U. Leuven (Belgium)：Instituut Voor Kernen Stralingsfysica，2002.

[11] Kohn W, Sham L J. Self-consistent equations including exchange and correlation effects ［J］. Physics Review，1965 (140)：A1133.

[12] Perdew J P, Burke K, Ernzerhof M. Generalized gradient approximation made simple ［J］. Physics Review Letter，1996 (77)：3865.

[13] Parr R G, Yang W. Density-functional theory of atoms and molecules ［M］. Oxford：Oxford University Press，Inc. ，1989.

［14］ Ceperley D M, Alder B J. Ground state of the electron gas by a stochastic method ［J］. Physics Review Letter, 1980 (45): 566.

［15］ Perdew J P, Zunger A. Self-interaction correction to density functional approximations for many-electron systems ［J］. Physics Review B, 1981 (23): 5048.

［16］ Hedi L, Lundquist S J. Electronic structure of some 3D transition-metal pyrites ［J］. Journal of Physics C Solid State Physics, 1971 (4): 2064.

［17］ Vosko S J, Wilk L, Nusair M. Accurate spin-dependent electron liquid correlation energies for local spin density calculations: A critical analysis ［J］. Revue Canadienne De Physique, 1980 (58): 1200.

［18］ Ziesche P, Kurth S, Perdew J P. Density functionals from LDA to GGA ［J］. Computational Materials Science, 1998 (11): 122.

［19］ Perdew J P. Electronic structure of solids ［M］. Berlin: Akademie Verlag, 1991.

［20］ Kenned Y J, Eberhart R. Partical swarm optimization ［C］//Proceeding of ICNN 1995-Internation Conference on Neural Networks, 1995: 942~948.

［21］ Wang Y, Lv J, Zhu L. Calypso: A method for crystal structure prediction ［J］. Computer Physics Communications, 2012 (183): 2063.

［22］ Wang Y, Lv J, Zhu L. Crystal structure prediction via particle-swarm optimization ［J］. Physics Review B, 2010 (82): 094116.

［23］ Souvatzis P, Eriksson O, Katsnelson M I, et al. Entropy driven stabilization of energetically unstable crystal structures explained from first principles theory ［J］. Physics Review Letter, 2008 (100): 095901.

［24］ Baroni S, Degironcoli S, Dalcorso A. Phonons and related properties of extended systems from density-functional perturbation theory ［J］. Reviews of Modern Physics, 2001 (73): 515.

［25］ Parlinski K, Li Z Q, Kawazoe Y. First-principles determination of the soft mode in cubic ［J］. Physics Review Letter, 1997 (78): 4063.

［26］ 章立源. 超越自由: 神奇的超导体 ［M］. 北京: 科学出版社, 2005.

［27］ Bardeen J, Cooper L N, Schrieffer J R. Theory of superconductrivity ［J］. Physics Review, 1957 (108): 1175.

［28］ 章立源. 超导理论 ［M］. 北京: 科学出版社, 2003.

［29］ Eliashberg G M. Interactions between electrons and lattice vibrations in a superconductor ［J］. Soviet Physics JETP, 1960 (11): 696~702.

［30］ Nambu Y. Quasi-particles and gauge invariance in the theory of superconductivity ［J］. Physics Review, 1960 (117): 648.

［31］ Allen P B, Mitrovic B. Theory of superconducting Tc ［J］. Solid State Physics, 1982, 37 (1): 1~92.

［32］ Choi H J, Roundy D, Sun H. The origin of the anomalous superconducting properties of MgB_2 ［J］. Nature, 2002 (418): 758.

［33］ Liu A Y, Mazin I I, Kortus J. Beyond eliashberg superconductivity in MgB_2: Anharmonicity, two-phonon scattering, and multiple gaps [J]. Physics Review Letter, 2001 (87): 087005.

[34] Mcmillan W L. Tunneling model of the superconducting proximity effect [J]. Physics Review, 1968 (167): 331.

[35] Allen P B, Dynes R C. transition temperature of strong-coupled superconductors reanalyzed [J]. Physics Review B, 1975 (12): 905.

[36] Becke A D, Edgecombe K E. A simple measure of electron localization in atomic and molecular systems [J]. Journal of Chemical Physics, 1990 (92): 5397.

[37] Alder B J, Wainwright T E. Phase transition for a hard sphere system [J]. The Journal of Chemical Physics, 1957 (27): 1208~1209.

[38] Alder B J, Wainwright T E. Studies in molecular dynamics. I. gegeral method [J]. The Journal of Chemical Physics, 1959 (31): 459~466.

[39] Rahman A. Correlations in the motion of atoms in liquid argon [J]. Physical Review, 1964 (136): A405~A411.

[40] Stillinger F H, Rahman A. Improved simulation of liquid water by molecular dynamics [J].The Journal of Chemical Physics, 1974 (60): 1545~1557.

[41] Parrinello M, Rahman A. Polymorphic transitions in single crystals: A new molecular dynamics method [J]. Journal of Applied Physics, 1981 (52): 7182~7190.

[42] Car R, Parrinello M. Unified approach for molecular dynamics and density-functional theory [J]. Physical Review Letters, 1985 (55): 2471.

[43] Belonoshko A B, Ahuja R, Johansson B. Molecular dynamics of lif melting [J]. Physical Review B, 2000 (61): 11928.

[44] Belonoshko A B, Ahuja R, Eriksson O, et al. Quasi ab initio molecular dynamic study of Cu melting [J]. Physical Review B, 2000 (61): 3838.

[45] Belonoshko A B, Ahuja R, Johansson B. Quasi-ab initio molecular dynamic study of Fe melting [J]. Physical Review Letters, 2000 (84): 3638.

[46] Belonoshko A B, Gutierrez G, Ahuja R, et al. Molecular dynamics simulation of the structure of Yttria Y_2O_3 phases using pairwise interactions [J]. Physical Review B, 2001 (64): 184103.

[47] Chen N X, Ren G B. Carlsson-gelatt-ehrenreich technique and the möbius inversion theorem [J]. Physical Review B, 1992 (45): 8177.

[48] Schreiber M. Multifractal characteristics of electronic wave functions in disordered systems [J]. Computational Physics, Springer, 1996: 147~165.

[49] Berendsen H J, Postma J V, van Gunsteren W F, et al. Molecular dynamics with coupling to an external bath [J]. The Journal of Chemical Physics, 1984 (81): 3684~3690.

[50] Andersen H C. Molecular dynamics simulations at constant pressure and/or temperature [J].The Journal of Chemical Physics, 1980 (72): 2384~2393.

[51] Nosé S, Klein M L. Structural transformations in solid nitrogen at high pressure [J]. Physical Review Letters, 1983 (50): 1207.

[52] Nosé S, Yonezawa F. Isothermal-isobaric computer simulations of melting and crystallization of a lennard-jones system [J]. The Journal of Chemical Physics, 1986 (84): 1803~1814.

[53] Hoover W G. Generalization of Nosé's isothermal molecular dynamics: Non-hamiltonian dynamics for the canonical ensemble [J]. Physical Review A, 1989 (40): 2814.

[54] Schneider T, Stoll E. Molecular-dynamics study of a three-dimensional one-component model for distortive phase transitions [J]. Physical Review B, 1978 (17): 1302.

[55] Dai J, Yuan J. Large-scale efficient langevin dynamics, and why it works [J]. EPL (Europhysics Letters), 2009 (88): 20001.

[56] Parrinello M, Rahman A. Crystal structure and pair potentials: A molecular-dynamics study [J]. Physical Review Letters, 1980 (45): 1196.

[57] Parrinello M, Rahman A. Strain fluctuations and elastic constants [J]. The Journal of Chemical Physics, 1982 (76): 2662~2666.

3 高压下 Xe 和 S 的化学反应及其应用

3.1 概述

稀有气体原子具有稳定的外层电子结构（除氦为 $1s^2$ 外，其余都为八电子构型：ns^2np^6）和很高的电离势。在一般情况下，它们很难得到或失去电子而形成化学键。表现出的化学性质很不活泼，不仅很难与其他元素化合，而且自身也是以单原子分子的形式存在，原子之间仅存在着微弱的范德华力（主要是色散力），因此，稀有气体曾经一度被人们认为是不能发生化学反应的"惰性气体"。并且这种绝对的观念束缚了人们的思想，阻碍了对稀有气体化合物的研究[1]。

然而，这一绝对的观念在 1933 年被 Pauling 提出怀疑[2]。Pauling 根据离子半径的计算预言重稀有气体如 Xe 和 Kr 能够与其他原子结合形成化合物，并且这个预言在 1962 年被 Bartlett 证实[3]。Bartlett 利用强氧化剂 PtF_6 与 Xe 反应制得了第一种稀有气体化合物 $XePtF_6$。此后几十年间，大量的努力被投入到探索新型稀有气体化合物的研究中，并且至今已有上百种此类分子在实验上被合成[1,4~7]。

由于 Xe 的最外层电子离核最远（放射性的 Rn 除外），原子核对最外层电子的束缚能力最弱，因此也最容易（相对其他稀有气体）与其他原子成键。在新型稀有气体化合物的探索中，对含 Xe 化合物的研究占主导优势。

首先，作为基础研究的必要，对 Xe 的化合物的探索能够进一步拓展稀有气体化学的边界。不仅如此，研究表明含 Xe 化合物往往形成一些非同寻常的化学键例子，对它们的探索丰富了人们对化学键的理解并揭示了新的成键机制[1,8]。最初的研究显示，Xe 倾向于与电负性最强的元素 F 结合形成化合物，如 XeF_n（$n=2$，4，6）及一系列亚稳态的氟氙盐分子（如 XeF^+，XeF_5^+，XeF_7^-，$Xe_2F_3^+$ 和 $Xe_2F_{13}^+$）和氢化物分子 HXeY（Y = H、Cl、Br、I、S 和 C，或它们的原子基团）[1,4,6~25]。在高压条件下，Xe 能够与电负性更弱的 O、N 等原子结合形成新的稳定化合物[26~28]。令人惊讶的是，最近的理论研究表明，在外界压强的作用下，Xe 不仅能与这些电负性的物质反应，它还能与金属单质如 Fe、Ni 等发生化学反应。更奇怪的是在这个反应中 Fe 或 Ni 是作为氧化剂[29]。对于这些新型化学反应的物理及化学机制，目前的研究尚未完全理解。

另外，由于 Xe 在常温常压下很难发生化学反应，而在特定条件如高温高压下，Xe 能发生一些未能预料的反应。作为一种挥发性物质，Xe 的化学反应可能发生在地球的内部，这对研究地球及其大气的演化具有重要的意义[27,29~33]。

科学家通过对比地球大气和球粒状陨石（一种化学成分类似于原始的尚未分化的太阳星云的陨石）中 Xe 的丰度发现，地球大气中的 Xe 偏低超过90%，这一现象被称为"Xe 的消失之谜"[27,34]。研究认为99%的地球大气（包括 Xe）来自地幔的排气作用。对于"Xe 的消失之谜"的研究，目前主要存在三种观点：

（1）在地球形成早期，地幔中排出来的 Xe 逃逸到外太空[35,36]。有研究发现，对于所有的稀有气体，He、Ne、Ar 和 Kr 在 $MgSiO_3$（地幔的主要成分之一）中的溶解度较大，Xe 的溶解度要小得多。因此，在地幔排气过程中，Xe 被首先挥发出来，形成地球的原始大气。在这些原始大气中，He、Ne、Ar 和 Kr 的含量很少，当原始大气被太阳风吹走后，Xe 也随着被吹走。此后，He、Ne、Ar 和 Kr 慢慢被挥发出来，形成如今 Xe 相对含量较少的大气。

（2）地幔中排出的 Xe 被束缚在地壳中[36]。Sanloup 等人通过实验研究了在高温高压条件下，Xe 与 SiO_2 的反应，发现在压强 $p > 1GPa$，温度 $T > 500K$ 时，SiO_2 中的 Si 被 Xe 还原，使得 Xe 与 O 形成共价键。因此他们认为，Xe 可能被束缚于下地壳中[31,32]。

（3）地幔中的 Xe 没有排出，仍然被束缚在地幔或者地核中[36]。

目前，大多数研究人员倾向于认同第三种观点，即 Xe 仍然被束缚在地幔或者地核。因此，寻找 Xe 被束缚在地球内部的证据成为当今关于"Xe 的消失之谜"的研究热点。Xe 被束缚在地球内部有两种途径，通过物理作用或化学作用。

对于物理作用，研究认为，Xe 的一系列性质如化学惰性、高熔点、高密度、低溶解度及其相对不容易扩散的机制，使得 Xe 在地球形成的过程中形成大尺度的原子基团，而后沉入地球内部。从而使得地球的 Xe 排气不完全，导致如今大气中 Xe 的含量偏低[36]。

对于化学作用，研究认为，Xe 在地球内部的高温高压条件下变得活泼，而与地球内部物质反应形成稳定的化合物，从而限制了 Xe 的挥发，导致大气中 Xe 的含量偏低。针对这一观点，人们开展了一些高温高压条件下关于 Xe 的化学活性的研究，并取得了很好的结果。Zhu 等人通过理论计算发现，Xe 能在 $p > 75GPa$（对应下地幔压强）时与 O_2 发生反应形成 Xe 的氧化物[26,28]。然而，这并不能成为解释"Xe 的消失之谜"的主要原因，因为在这些 Xe-O 化合物中，Xe 的价态很高，氧化性很强，容易跟地球内部的 Fe 反应，而释放出 Xe。最近，Zhu 等人通过理论计算发现，Xe 能在 250GPa（对应外地核压强）下与 Fe 反应生成一系列稳定的 Fe-Xe 化合物，从而推断 Xe 应该被束缚于地核[29]。

我们认为，根据地球形成的"均匀积聚模型"，在地球形成早期，整个地球的物质是均匀分布的，如果仅仅是地核中的 Xe 与 Fe 反应，不能够完全解释"Xe 的消失之谜"。假如原始地球的物质是均匀分布的，则地核中的 Xe 只占整个地球的一小部分，而现实是大气中少了 90% 的 Xe。因此，Xe 除了跟地核中的 Fe 反应外，应该还能跟地核以外的其他物质反应。

　　基于以上分析，我们知道，Xe 与 O_2 能在 75GPa 左右反应。考虑到 S 与 O 处于元素周期表中同一族的相邻的元素，具有相似的电子结构。因此我们推测，Xe 与 S 应该能在相似的压强条件下发生化学反应。由于 Xe 和 S 都是两种重要的挥发性元素，且地球大气中 Xe 和 S 的含量都相对偏少，从这个角度考虑，研究 Xe 和 S 的化学反应将变得非常有趣，此外，它也能为进一步研究 Xe 化学提供更深的理解。

3.2　计算方法

　　高压下的结构搜索模拟是通过基于粒子群优化算法的晶体结构预测程序（crystal structure analysis by particle swarm optimization，CALYPSO）来实现的[37,38]。该方法可靠性已经在大量的体系中得到了验证[39~48]。我们分别对 XeS_n（$n=1\sim6$）在 200GPa 和 300GPa 下进行了结构搜索，每个模拟包含 1~4 个分子单元，每一代搜索产生 30~40 个结构（第一代是随机产生的），随后将这些结构通过基于第一性原理的 VASP [49] 程序包进行优化，当每个结构内原子的局域优化焓变为 2×10^{-5} eV 时我们认为其收敛。每一代的 60% 个能量最低的结构用于产生下一代结构，而另外 40% 的结构是通过随机产生的。当连续 5 代没有产生新的能量更低的结构时，结构搜索将被终止。一般情况，我们的每一个结构搜索实例都演化了至少 30 代，约产生了 900~1200 个结构。

　　在结构搜索模拟终止后，我们选取广义梯度近似的（perdew-burke-ernzerhof，PBE）泛函[50]，通过 VASP 程序包对能量最低的一些结构进行高精度的优化。对于 Xe 和 S，采用的赝势为 PAW 势[51]，分别考虑了 $4d^{10}5s^25p^6$ 和 $2s^22p^4$ 作为其价电子。为了确保总能计算的精度，我们选取平面波展开的截断能为 1500eV。布里渊区的 K 点取样采用的是 Monkhorst-Pack 取样方法，在倒空间中的最大间隔为 $2\pi\times0.3\mathrm{nm}^{-1}$。为了确定能量最低结构的动力学稳定性，我们利用超胞法，通过 phonopy 软件包[52] 来计算它们的声子谱。在计算原子受力时，每个计算超胞的晶格常数大小都接近或大于 10nm。

　　此外，为了研究高温对结构稳定性的影响，我们分别采用准简谐近似方法和有限温度密度泛函理论来计算振动熵和热电子熵对自由能的贡献。在准简谐近似中，我们引入体积依赖的声子频率来部分的考虑非谐效应。在一定压强 p 和温度 T 条件下，吉布斯自由能 G 定义为：

$$G(T,\ p)=\min_V\left[U(V)+F_{\mathrm{vib}}(T,\ V)+pV\right]$$

式中，V 为体积；U 为晶格内能；F_{vib} 为声子的亥姆赫兹自由能。

　　为了研究温度对声子谱的影响，我们通过自洽晶格动力学方法，采用 SCPH

软件包计算了高温条件下的声子谱。

最后，我们使用了第一性原理分子动力学，结合 Z 方法[53]计算物质在高压条件下的熔化曲线。Z 方法首先由 Belonoshko 等人开发并应用在经验分子动力学计算中，后来又被拓展到第一性原理分子动力学计算上。在计算的过程中，Z 方法是尝试去确定热稳定性的阈值。在 NVE（N、V 和 E 分别为粒子数、体积和总能）系综的分子动力学模拟过程中，如果一个系统的总能保持不变，系统的温度会在一定时间突然降低到熔点的位置。那么，如果在模拟体系的等容图上将所有的 p、T 点链接成线，这个折线的形状就像一个字母"Z"，因此被称为 Z 方法。

3.3 结果与讨论

3.3.1 高压条件下 RS_n（R=Xe、Kr、Ar，n=1~6）的晶体结构预测

通过对 XeS_n（n=1~6）体系在 200GPa 和 300GPa 下彻底的结构搜索模拟，我们能够找到每个比例在不同压强下焓最低的晶体结构。这些结构的形成焓 $\Delta_f H$ 被归纳在图 3.1 中。形成焓的计算公式为：

$$\Delta_f H(XeS_n) = [H(XeS_n) - H(Xe) - nH(S)]/(1+n) \qquad (3.1)$$

式中，H 为相应物质在不同压强下最稳定结构的焓，eV。

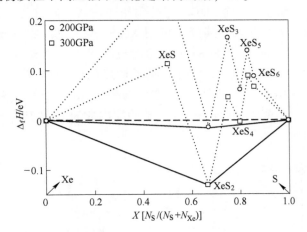

图 3.1 XeS_n（n=1~6）在 200GPa 和 300GPa 下的热力学稳定性

（ΔH 为平均到每个原子的形成焓，X 为成分）

由图 3.1 可知，在我们所研究的压强条件下，只有 XeS_2 是稳定的，其他比例的形成焓都比较高，这就表明 Xe 和 S 能够发生这样一个反应：Xe + 2S →XeS_2。图 3.2 所示为 XeS_2 的形成焓随压强的变化曲线，我们发现，XeS_2 在 191GPa 时开始稳定。另外，我们通过 DFT + D2 的方法[54]计算了范德瓦尔斯修正对 XeS_2 形

成熵的影响。结果表明，考虑范德瓦尔斯相互作用后，XeS_2 的形成压强变得更低，约为 178GPa。

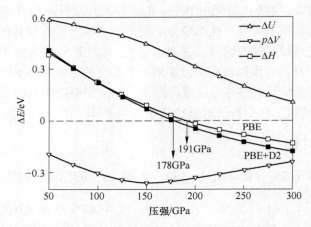

图 3.2　XeS_2 的形成熵 ΔH 及其相应的内能 ΔU 和 $p\Delta V$ 随压强的变化关系（$\Delta H = \Delta U + p\Delta V$）

（考虑了范德瓦尔斯修正后的形成熵也在图中展示了，用实心方块连线所代表）

　　基于我们的搜索结果，XeS_2 在 200GPa 和 300GPa 都将形成 Laves 结构（见图 3.3）。该结构跟金属合金 $MgCu_2$ 的结构相同，其空间群为 $Fd3m$，每个晶胞中含有 8 个 XeS_2 分子单元，其分子可用 Xe_8S_{16} 来表达。在 XeS_2 的 Laves 结构中，Xe 占据的 Wyckoff 位置为 8a（0，0，0），形成一个金刚石型（两个相互渗透的面心立方）的子晶格。而由 S 原子构成的四面体（S 占据四面体的顶点）填充在由 Xe 构成的 Xe 网格中。在该结构中 Xe 原子的配位数为 16（其中 4 个为 Xe 原子，12 个为 S 原子），S 原子的配位数为 12（其中 6 个为 Xe 原子，6 个为 S 原子）。

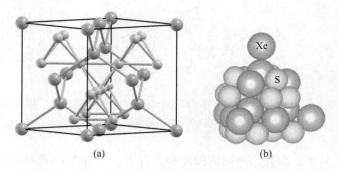

图 3.3　XeS_2 的晶体结构（a）和其硬球模型的堆垛方式（b）

图 3.4 所示为 XeS_2 的体积随压强的变化曲线，与之对比的是相应压强下相同

摩尔数的单质 Xe 和 S 的体积之和。由图可知，XeS_2 的体积要比单质的情况要小，因此，发生反应 $Xe + 2S \rightarrow XeS_2$ 时将导致体积塌缩，从而导致负的 $p\Delta V$ 并降低 XeS_2 的形成焓。这个现象表明，Xe 和 S 在高压下发生反应形成 XeS_2 是其对外界压强的一种响应：寻求更高的堆垛效率。Laves 相 XeS_2 中原子高的配位原子数也证实了这一点。另外，我们还预测了 $Xe_mS(m=1\sim6)$、KrS_n 和 $ArS_n(n=1\sim6)$ 在 300GPa 下的结构，但是没有发现稳定的化合物，其结果如图 3.5 所示。

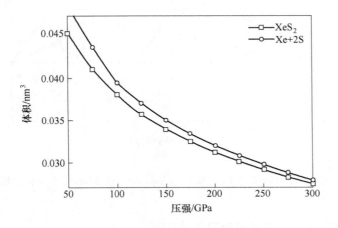

图 3.4 XeS_2 的体积（每分子）及单质 Xe 和 S 的体积之和（Xe + 2S）随压强的变化关系

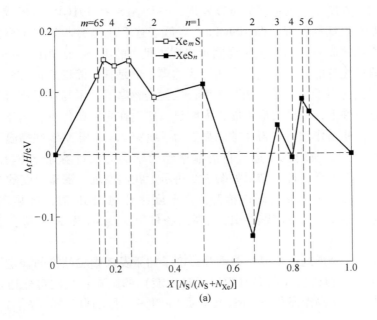

(a)

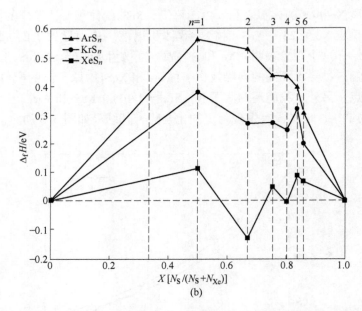

图 3.5　$Xe_mS(m=1\sim6)$、KrS_n 和 $ArS_n(n=1\sim6)$ 在 300GPa 下的化学稳定性

3.3.2　XeS_2 的稳定性、成键机制及电子性质

晶格动力学计算表明，热力学上稳定的 Laves 相 XeS_2 也是动力学稳定的。其声子谱如图 3.6 所示。通过研究可以发现，一旦 XeS_2 在 191GPa 时形成，它能够保持亚稳态至更低的压强，即 109GPa。当低于这个压强时，其声子谱的两个声学支在布里渊区高对称的 L 和 X 点附近出现了很大的虚频，表明该晶格将变得不再稳定。值得注意的是，我们通常所计算的声子谱是基于简谐近似方法。在该方法中，没有包含声子与声子的相互作用，也就是忽略了声子与声子耦合的非谐作用。在低温条件下，非谐效应可能不太明显，然而在高温条件下，由于热激发对声子的影响，非谐作用将变得非常明显。为了研究 Laves 相 XeS_2 在高温下（熔点以下）的稳定性，我们首先通过自洽晶格动力学的方法计算了 XeS_2 在 99GPa，不同温度下的声子谱，计算结果如图 3.7 所示。我们发现，随着温度的升高，0K 下出现虚频的两个声学支逐渐被抬升，在温度达到约 650K 时，虚频完全消失，表明 XeS_2 达到稳定态。这就表明，在高温条件下，Laves 相 XeS_2 将会变得更加稳定。

众所周知，高温通过对晶格振动及热电子的激发来影响晶格的稳定性。为了研究高温对 XeS_2 形成焓（高温时为形成自由能）的影响，我们首先通过准简谐近似的方法计算了高温条件下 XeS_2 及单质 Xe 和 S 的振动自由能（F_{vib}），并最终

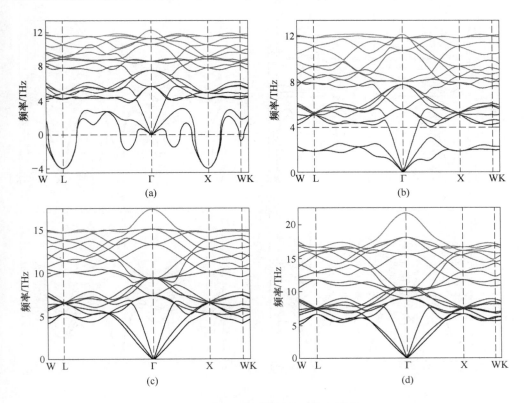

图 3.6 XeS₂ 在不同压强下的声子谱

（a）99GPa；（b）109GPa；（c）200GPa；（d）300GPa

计算 XeS₂ 的形成自由能。结果表明，在高温条件下，由于振动熵的贡献，XeS₂ 的形成自由能比 0K 时的更低。比如，在 191GPa、温度为 2100K 时每原子的形成自由能比 0K 时的降低了 97MeV。另外，我们通过有限温度密度泛函理论，计算了高温引起的热电子激发（F_{el}）对形成自由能的影响，结果表明，热电子的激发对 XeS₂ 稳定性有微小的影响，比如，在 191GPa、温度为 2100K 时每原子的形成自由能比 0K 时的降低了 8MeV。综上所述，由于高温对晶格振动和热电子的激发，XeS₂ 能在更低的压强下形成和稳定，这与上面的自洽晶格动力学得到的结论一致。

图 3.8 所示为 XeS₂ 的高温高压相图。该图给出了在不同温度压强条件下，考虑了晶格冷能（E_0）、振动自由能（F_{vib}）和热电子自由能（F_{el}）后计算得到的 XeS₂ 与 Xe-S 混合物的相边界。同时我们也给出了没考虑振动自由能或热电子自由能的结果。通过对比，我们可以清晰地看到，振动自由能对相变界的影响非常大，而热电子自由能的影响相对要小得多。

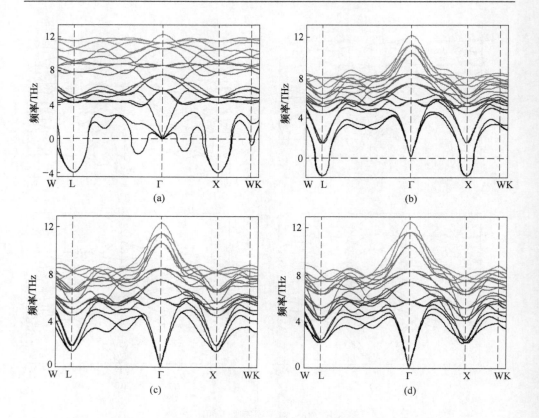

图 3.7　XeS$_2$ 在压强为 99GPa 不同温度时的声子谱

（a）0K；（b）300K；（c）650K；（d）1000K

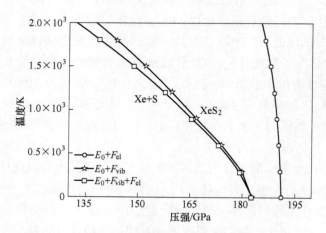

图 3.8　XeS$_2$ 的高温高压相图

为了进一步研究高温高压对 XeS_2 稳定性的影响，我们计算了它在不同压强和温度条件下的费米面，如图 3.9 所示。在压强不大于 99GPa 时，第 6 条能带出现了费米面嵌套（fermi-surface nesting）行为。在一些金属体系（如碱金属）中，费米面嵌套往往会导致声子软化现象[55~58]。从这个观点来看，XeS_2 声子谱在该压强下出现的虚频可能就是费米面嵌套导致的。如上述所说，高温（650K）的作用会使 XeS_2 在 99GPa 时的声子谱的虚频消失，是否是由于高温的作用抑制了它的费米面的嵌套呢？

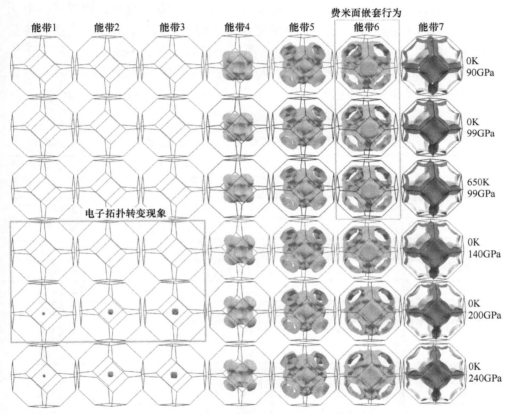

图 3.9　XeS_2 在不同温度和压强条件下的费米面

（左侧方框代表能带 1~3 发生的电子拓扑转变现象，
右侧方框代表能带 6 的费米面嵌套行为）

通过有限温度密度泛函理论，计算了 XeS_2 在 99GPa 压强下不同温度时的费米面，然而并没有发现高温致使费米面形状发生明显改变的信号。如图 3.9 所示，在 650K 时（声子谱虚频消失的温度），第 6 条能带的费米面嵌套行为仍然清晰可见，即高温并没有抑制费米面的嵌套行为。因此，我们推测高温促使

XeS_2 变稳定主要是因为高温对晶格振动而不是热电子的激发引起的，因为高温的作用会增大晶格中原子振动的回复力，而回复力是维持晶格稳定的重要因素。并且，高温对晶格振动的激发对 XeS_2 稳定性的影响在形成自由能上也得到了体现。

当然，有必要指出的是，高温也能通过影响电子-声子的耦合来改变费米面的拓扑行为。但是对这个问题的研究超出了我们的能力范围，因为目前研究高温对电子-声子耦合影响的理论方法还不成熟。

同时，从图 3.9 也很容易看到，在压强约为 200GPa 时，能带 1~3 发生了明显的电子拓扑转变（electronic topological transition）现象。这种压强导致的电子拓扑转变行为可能是 XeS_2 晶体中电子能量重排的一种信号，并且将直接导致晶格内能的降低，从而促使 XeS_2 的形成。另外，我们计算了 XeS_2 在不同压强下的弹性模量 C_{11}、C_{12} 和 C_{44}，见表 3.1。从中我们可以看到 Laves 相 XeS_2 在所有考虑的压强范围内都符合弹性稳定性条件：$C_{44}-p > 0$，$C_{11}-C_{12}-2p > 0$ 和 $2C_{12}+C_{11}+p>0$。

表 3.1　不同压强下的弹性模量 C_{11}、C_{12}、C_{44} 和体弹 B　　　　（GPa）

压强/GPa	C_{11}	C_{12}	C_{44}	B
295.954	1135.989	366.055	156.998	622.700
268.428	1040.674	344.800	137.991	576.758
243.446	950.828	325.390	123.558	533.870
220.725	867.066	306.904	113.160	493.625
200.061	792.052	288.947	106.902	456.648
181.224	725.870	271.465	102.486	422.933
164.065	666.069	254.396	97.141	391.620
148.449	611.204	237.885	90.293	362.325
134.247	561.079	221.930	82.768	334.980
121.308	516.160	206.544	75.952	309.749
109.532	476.190	191.683	70.133	286.518
98.820	440.678	177.516	65.412	265.237
89.069	408.609	164.201	61.218	245.670
80.197	378.987	151.947	56.768	227.627
72.120	351.047	140.841	51.648	210.909
64.759	324.270	130.910	46.107	195.363
58.056	298.543	122.120	40.507	180.928
51.944	273.968	114.366	35.352	167.567
46.376	250.783	107.465	30.447	155.238

续表 3.1

压强/GPa	C_{11}	C_{12}	C_{44}	B
41.303	229.239	101.202	26.326	143.881
36.687	209.455	95.357	22.403	133.390
28.653	175.369	84.378	15.902	114.708
19.125	136.328	68.928	9.838	91.395
10.036	99.706	50.701	5.006	67.036
3.951	73.079	36.294	1.923	48.555
0.014	51.814	24.780	0.142	33.803

为了进一步研究 XeS_2 形成的物理和化学机制，我们对它进行了化学成键的分析。首先，计算了它在不同压强下的电子能带和态密度。图 3.10 所示为 XeS_2 在 99GPa 和 200GPa 压强下的能带。可以发现，这两种情况下都有数条能带穿过费米能级，表明它们在相应条件下都是金属导体。实际上，即使在更低的压强下（尽管 XeS_2 不稳定），我们的计算结果也表明它们仍然保持着金属的能带特征，这个结果让人感到意外。因为在常压条件下，单质 Xe 和 S 都是非金属，高压实验发现它们的金属化压强分别为 135GPa 和 90GPa 左右。而 Xe 和 S 的化合物 XeS_2 却在更低的压强下显金属性。这就说明，Xe 原子和 S 原子的相互作用可以有效地降低它们的金属化压强。值得注意的是，这种机制具有重要的研究和应用价值。比如对金属氢的探索便是其中最为热门的研究课题之一[59]。金属氢在核聚变、含能材料、超导材料等领域具有重要的应用前景[60-62]。而实验上得到金属氢的条件（外界压强大于 300GPa）非常苛刻，从而限制了它的发展。研究人员希望能够寻找到替代金属氢的材料，富氢化合物便进入了人们的视线。研究发现富氢化合物（比如氢与过渡金属、碳族元素等的化合物）与金属氢具有很多相似的物理性质，并且其金属化压强要比单质氢低得多，因此可以更容易在实验室合成。

另外，从 XeS_2 的电子能带图（见图 3.10）上还能清晰地看到，在高对称的 Γ 点处，费米能级附近的 3 条能带的拓扑性质在压强的作用下发生了明显改变。在低压（如 99GPa）条件下，它们被电子完全占据，而当压强升高到 200GPa 附近时，它们变为部分占据。这种电子占据的变化导致了费米面的改变，即人们所谓的电子拓扑转变现象。

图 3.11 所示为 XeS_2 在 200GPa 时的总态密度和分波态密度图。首先，我们可以发现，费米能级位于一个高且宽的态密度峰处，展现了很强的金属特性。从分波态密度图上，我们发现费米能级附近的价带和导带在很大能量范围内（$-17\sim2$eV）的态密度主要由 Xe $5p$ 和 S $3p$ 轨道贡献。这表明在压强的作用下，Xe $5p$ 和

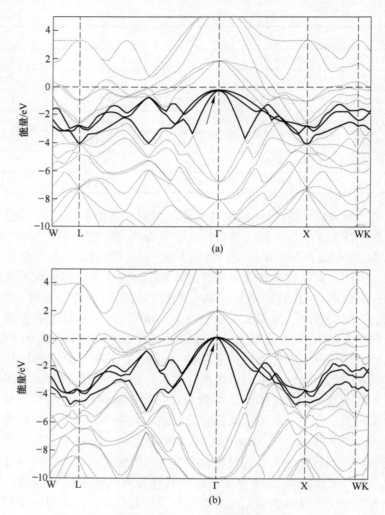

图 3.10　XeS$_2$ 在 99GPa 和 200GPa 下的电子能带

（横的虚线表示费米能级）

（a）99GPa；（b）200GPa

S 3p 轨道由于能量升高而被激发，使得相应的 5p 和 3p 电子表现出很强的巡游特性。这是 XeS$_2$ 表现出金属特性的主要原因，并且由于这种巡游电子的存在，XeS$_2$ 晶体就拥有很强的金属键。另外，从分波态密度图上我们还发现，Xe 5p 和 S 3p 轨道也表现出了较强的杂化作用，这种杂化作用使得总态密度在费米能级右侧出现了一个赝能隙。这就表明，除了具有金属键的作用外，XeS$_2$ 也具有一定的共价特性。

　　为了进一步分析 XeS$_2$ 中 Xe 原子和 S 原子的相互作用，我们构建了一个假想

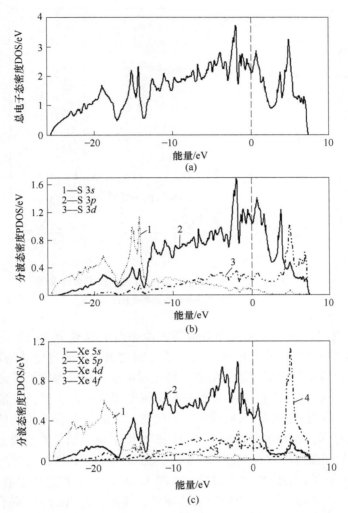

图 3.11 XeS$_2$在 200GPa 时的总电子态密度（DOS）和分波态密度图（PDOS）

（竖的虚线表示费米能级）

（a）电子总密度图；（b），（c）分波态密度图

的 Laves 相晶格 XeS$_0$，在这个晶格中，所有的 S 原子被移除，只剩下 Xe 原子构成的网格。然后我们再计算它的分波态密度并与 Laves 相 XeS$_2$ 的结果进行比较。由图 3.12 可以清晰地看到，在没有 S 原子与之作用后，Xe 5p 轨道的态密度出现了两个很高的尖峰，表明相应的电子是非常局域的。而与 S 原子作用后，Xe 5p 电子的离域性明显增强。从而导致原本闭合的 5p 轨道变成未被电子完全占据的轨道。

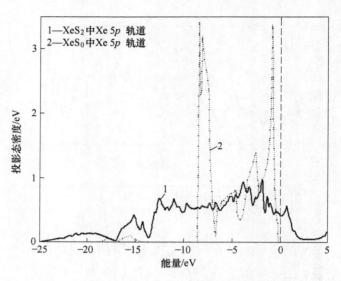

图 3.12   XeS$_2$ 和 XeS$_0$ 在 200GPa 时的投影态密度图

（竖直的虚线表示费米能级）

此外，我们计算了 XeS$_2$ 的差分电荷密度和电子局域密度函数。通过差分电荷密度，利用电子得失来判断原子与原子之间的成键。通过电子局域密度函数，可以清晰的分辨出原子周围的孤对电子和配对电子，从而确定原子之间的成键方式。图 3.13（a）和（b）所示为差分电荷密度图，可以看到，在最近邻的两个 S 原子中间，有明显的电子聚集现象，表明它们之间具有很强的共价键作用。从三维图可以看到，这种聚集的电子并非处于 S 原子与 S 原子的连线上，而是偏离 S 原子构成的四面体指向 Xe 原子的方向。表明这些电子并非完全局域，它们也受到近邻 Xe 原子轨道的作用。另外，从图 3.13（b）我们也可以看到，Xe 原子周围的电荷明显减少而 S 原子周围电荷增多，揭示了由 Xe 往 S 原子的电荷转移现象。

另外，从电子局域函数分布图 3.13（c）发现，两个最近邻的 S 原子之间的函数值约为 0.67，这也证实了它们之间较强的共价键作用。值得注意的是，在 200GPa 时，最近邻的 Xe 原子间的距离约为 0.27nm，这个距离要小于两倍的 Xe 原子的共价键半径（0.14nm），暗示着相邻的 Xe 原子之间存在着共价键作用。通过电子局域函数分布图 3.13（c）也可以看到，两个最近邻的 Xe 原子之间的电子局域函数值约为 0.51，这也证实了 Xe 与 Xe 原子之间确实存在共价作用。另外，从三维图 3.13（d）可以清晰地看到，在每个 S 原子的周围都存在着环状的电子局域函数分布，并且其赤道平面指向最近邻的 6 个 Xe 原子。这类电子代表 S 3p 轨道上的孤对电子，这种孤对电子的存在对 XeS$_2$ 的形成具有重要的作用。

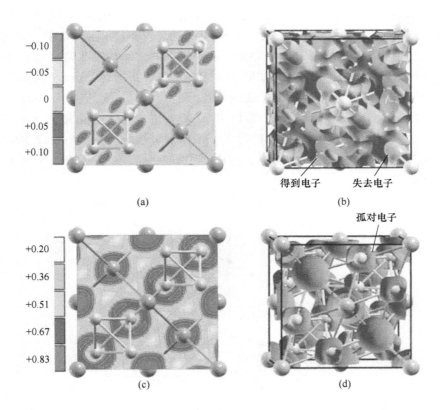

图 3.13 XeS_2 在 200GPa 时的二维 (a)、三维 (b) 差分电荷密度图和
二维 (c)、三维 (d) 电子局域分布函数图

首先它们可以屏蔽部分 Xe 原子核与 S 原子核的库伦排斥作用，并降低其晶格内能。其次，这些 S3p 孤对电子与 Xe 原子 5p 轨道的作用结合 Xe-Xe 自身共价键的作用，导致了 Xe 原子的 16 重高配位结构。事实上，这种孤对电子的作用机制在 Xe-F 体系中也得到了很好的说明。再次，这也进一步说明了满壳层的 Xe 5p 轨道在压强作用下被完全打开，形成类似于具有 5p 价电子的元素。从这个观点来看，Xe 和 S 反应形成高配位的 Laves 相结构也就不奇怪了，并且，最近的研究显示，类 5p 元素的 Xe 还可以与其他元素如 F、O、Fe 等结合形成一系列稳定的化合物。在这些化合物中，Xe 5p 轨道都因为失去了电子而被打开。

结合之前报道的一系列 Xe 的化学反应，让我们相信，离子性是 Xe 形成化合物的必要条件。首先，最新研究显示，Xe 能够与 F_2、O_2 和 N_2 等分别在 0GPa、83GPa、150GPa 下发生化学反应[25~28,41]。我们推测，这种反应依赖的压强关系跟它们对应元素的电负性有密切的联系，其电负性关系为 F > O >

N[63]。元素的电负性与 Xe 的差异越大，其依赖的外界压强越小。通过 Bader
电荷分析[64]得知，在 200GPa 时，XeS$_2$ 中每个 Xe 原子将转移 0.41e 的电荷给
S 原子。这种电荷转移不可避免地使 Xe 和 S 原子之间实现了离子键作用。其
电荷转移量随压强的变化关系如图 3.14 所示。可以发现，随着压强的增大，
Xe 原子的电荷转移量逐渐增多。通过对比我们发现，XeS$_2$ 中的 Xe 原子的电荷
转移量要比其他化合物如 XeF$_2$、XeO$_2$ 和 XeN$_6$ 等要少得多。这是因为 S 原子的
电负性比 F、O 和 N 的电负性要低得多。根据电负性的观点，Xe 和 S 的反应需
要的压强（191GPa）比 F$_2$（0GPa）、O$_2$（83GPa）和 N$_2$（150GPa）的要高也就
不奇怪了。

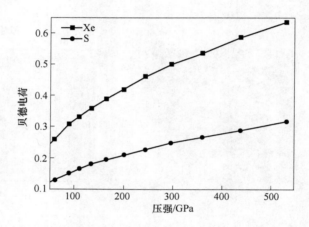

图 3.14　XeS$_2$ 中 Xe 和 S 原子的电荷转移量

值得注意的是，元素 C 和 S 具有相似的电负性（理论计算表明在百万大气压
条件下，C 的电负性略强）[63]。那么 Xe 和 C 的反应应该也会发生在相近（或略
低）的压强条件下。然而 Oganov 等人[65]的计算显示，Xe 的碳化物直到 200GPa
下都是不稳定的[65]。这首先是因为 C 2p 轨道的能量太低，在该压强下不足以使
其与 Xe 5p 轨道发生重叠，从而不能形成很强的相互作用。Oganov 等人[65]通过
晶体结构预测模拟发现，Xe 的碳化物在能量上倾向于形成 Xe 与 C 互相分离的层
状结构。这就表明 Xe 和 C 不能形成强的成键作用，并且层状结构往往会导致原
子之间的堆垛效率较低，不利于它们在高压环境下的稳定存在。对这些 Xe 的碳
化物体积计算显示它们都具有正的形成体积（化合物相对单质的体积差），这也
证明了上述观点。其次，C 的电负性又不够强，不能从 Xe 原子上得到电子，从
而不能形成离子键作用。对于 XeS$_2$ 以及上述提到的其他 Xe 的化合物，它们的结
构都是密堆型的，具有很高的堆垛效率。这或许就是它们能够稳定存在的另一个
重要原因。

　　另外，让我们感兴趣的是，不仅 XeS_2 会形成 Laves 相结构，之前的研究显示，这种结构也会在其他化合物中出现，特别是稀有气体化合物，比如 $Xe(O_2)_2$[66]、$Ar(H_2)_2$[67]、$NeHe_2$[68] 等。当然，在其他非稀有气体化合物中也出现过，比如 $CH_4(H_2)_2$[69]。有趣的是，在这些化合物中，其原子（或分子）之间的相互作用是范德瓦尔斯相互作用。也就是说，Xe 和 O_2，Ar 和 H_2 以及 Ne 和 He 并没有发生真正的化学反应。而根据上述成键分析得知，Laves 相 XeS_2 中存在电荷转移、电子共享，是真正的化学反应的产物。有必要指出的是，其实 Laves 相化合物早就在冶金学中被人们所知，因为它在二元金属间化合物中经常出现，并且是最常见的金属合金结构之一[70,71]。既然如此，对于这些金属合金、范德瓦尔斯固体以及本文发现的 XeS_2，它们都是 Laves 相的结构，它们形成这种结构的机制是什么呢，它们之间是否存在着一些潜在的联系呢？

　　对于金属合金（AB_2），前人的研究表明能不能形成 Laves 相，主要是受 A、B 两种原子的大小控制的[70,71]。目前的研究发现，大部分 Laves 相中两种原子半径之比 R_A/R_B 在 1.1~1.4 范围内。也有少数处在 1.05~1.1 和 1.4~1.68 的范围内。理论上 R_A/R_B 为 1.255 是 Laves 相的理想值。从硬球模型堆垛的观点来看，当 R_A/R_B 为理想值 1.255 时，晶体中的原子堆垛效率最高，空间利用率能达到 71%。对于 Xe 原子和 S 原子，它们在常压下的原子半径之比约为 1.2。在高压下，我们计算了 Xe 原子和 S 原子的 Bader 体积，发现尽管压强剧烈地改变了它们的体积，但压强对它们的体积之比影响并不大。因此，从这个观点来看，XeS_2 形成 Laves 相也是意料之中的事。然而为什么它要在如此高的压强（191GPa）下才能稳定呢？根据上述成键分析得知，由于 Xe 具有满壳层的外层电子结构，只有当压强达到一定程度时，Xe $5p$ 电子才能由于轨道能量的升高而被激发。这种激发使其 $5p$ 壳层完全打开，从而产生大量巡游性的电子，并与 S 原子形成多中心、离域型的金属键。由于这种键的作用，结合其合适的原子半径之比，XeS_2 实现了高配位（16 配位）、高密堆型的 Laves 相结构。对于金属合金，由于它们存在大量的自由电子，因此很容易形成这种离域型的金属键。因此即使在常压条件下，只要符合原子半径条件的，都能够很容易地形成 Laves 相，这也许就是金属合金经常形成 Laves 相的原因之一。另外，对于上述提到的范德瓦尔斯稀有气体化合物，研究显示，它们在压强在 10GPa 左右就能稳定，相对 XeS_2 来说，它们的形成压强要低得多。首先，它们的原子（或分子）半径之比 R_A/R_B 也都接近 Laves 相的理想值 1.255。其次，由于范德瓦尔斯相互作用是没有方向性的，因此也可以看成一种弱的非局域键。这种作用依赖的原子距离要比真实的化学键要长得多，依赖的压强也就小得多，因此它们能在更低的压强下稳定。对于原子半径之比不符合 Laves 相条件的，它们也可能形成其他的密堆结构。比如 Xe 和 He，最近的结构预测表明它们将在 12GPa 左右形成 AlB_2 型的 $XeHe_2$ 化合物[42]。

图 3.15 所示为 Laves 相的 XeS_2 和 $Xe(O_2)_2$ 的状态方程对比图。可以清楚地看到，XeS_2 的压缩性比 $Xe(O_2)_2$ 的小得多。这进一步说明了它们之间不同的成键类型，即前者为强的化学键作用，而后者为弱的范德瓦尔斯相互作用。此外，我们还计算了 Laves 相 $Xe(O_2)_2$ 和 AlB_2 型 $XeHe_2$ 的 $p\Delta V$ 随压强的变化关系，图 3.16 所示为这些结果随压强的变化关系对比图。可以看到，它们的 $p\Delta V$ 首先随压强的增大而降低，当压强达到一定值时，$p\Delta V$ 达到最小值，压强继续增大，$p\Delta V$ 也随着增大。但是不同的是，$Xe(O_2)_2$ 和 $XeHe_2$ 的 $p\Delta V$ 在某个压强处将变为正值，而 XeS_2 的却没有。这就表明，当压强足够大时，范德瓦尔斯固体中的范德瓦尔斯空间被严重挤压，真实的化学相互作用（库仑排斥作用）将与范德瓦尔斯作用相对抗，从而将导致 $Xe(O_2)_2$ 和 $XeHe_2$ 变得不稳定（发生分解或发生化学反应）。比如 $Xe(O_2)_2$，本书计算的声子谱表明它在高压下确实出现了很大的虚频。根据 Zhu 等人的预测，Xe 和 O_2 将在 75GPa 左右发生化学反应而形成具有化学相互作用的 Xe 的氧化物。由于在 Laves 相中的原子具有很高的原子配位，Xe 和 O_2 也就具有很高的接触面积，从而增加了它们反应的概率。这种反应也在最近的实验上关于 N-H 体系中被发现[72]。由于在相对较低的压强下就能合成，因此在实验上，这类化合物可能是一种很好地用于合成一些工程材料的原材料。另外，对于 $XeHe_2$ 的不稳定性，文献已经报道过[42]。而对于 XeS_2，本书的计算表明它能够保持稳定到至少 300GPa。这是因为压强的增加并不会摧毁使 XeS_2 维持稳定的化学键，相反，会使之更加牢固。

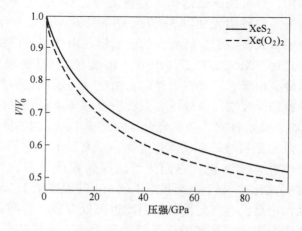

图 3.15　XeS_2、$Xe(O_2)_2$ 的状态方程对比图

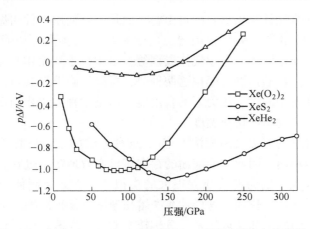

图 3.16　XeS_2、$Xe(O_2)_2$ 和 $XeHe_2$ 的 $p\Delta V$ 项随压强的变化关系对比图

3.3.3　XeS_2 的熔化及其液体结构特征

前期的研究表明，单质 Xe 在高压条件下具有高熔点、高密度、低溶解度等特性。Xe 的高熔点是因为在高压条件下，单质 Xe 中形成了很强的 Xe-Xe 共价键，要破坏该共价键需要消耗很高的能量所致。我们发现，XeS_2 也存在很强的共价键，因此我们推测 XeS_2 在高压下也具有高熔点的特征。一方面，作为基础研究的兴趣，研究 XeS_2 在高压下的熔化行为是有必要的，另一方面，探索 XeS_2 在地球内部高温高压条件下的状态是研究地球大气"Xe 的消失之谜"的重要研究内容，因此，接下来通过第一性原理分子动力学的方法来模拟其熔化行为。

熔化是材料的最基本的结构相变之一。通常观察到的熔化都是从表面开始的，称为异质熔化[73]。如果熔化是从内部开始的，则称为同质熔化[74~76]。一般材料模拟的熔化温度通常会高于实验观察到的温度。这种过热的本质原因目前并不非常清楚。但普遍认为的解释是，在模拟的过程中通常用的是周期性边界条件，是完全理想的周期体系。而真实的材料则含有大量的杂质或缺陷，这种杂质和缺陷的引入，可能会使真实当中的过热现象消失。

为了正确计算熔点，理论工作同样研究出多种方法计算材料的熔化温度。第一种方法就是加入杂质或缺陷。但由于模拟的尺寸有限，不可能引入合适的缺陷或杂质。目前这种方法主要集中在经验势的研究中。尽管加入了这些元素，发现的确可以有效地降低熔点，但离真实的熔点还相差太远。第二种方法就是根据经验修正熔化温度，但这种方法经验性太强，通常达不到理想的效果。第三种方法是计算自由能。由于在熔化温度附近，固体和液体的自由能应该是相等的。因此如果可以准确的计算材料固体和液体的自由能，就可以准确地求出熔点。通常模拟有限温度的技术只有分子动力学和 Monte Carlo 方法。但很不幸，在这两种技术中，都不可能直接计算出材料的自由能。而是需要使用一种叫做热力学积分的办法[77~79]，即给出参考势和精确势，由于参考势大多数可以直接计算其自由能，尤其是爱因斯坦固体、理想气体模型等，由于粒子间无相互作用，都可以直接得到其自由能。再通过混合模拟这两种势，可以精确求得其自由能的差。因此可以求得材料在各个温度、压力下的自由能。但是这种方法相当烦琐，因此也并不被经常采用计算材料的熔化温度。

目前使用普遍的方法是两相法[80,81]。这种方法的核心思想是让固体和液体同时在一个模拟箱内。因此，固液面的存在可以有效地防止过热。该方法的主要难点是计算量较大。因为需要建立很大的模拟盒子，如果固体和液体的尺寸太小，固液面就会起主导作用，这样计算的熔化温度不是很准确。但是如果建立的过大，计算量会急剧增加。近年来计算机技术的飞速发展，使得这种方法在第一性原理模拟方面取得了很大的成功。

除此以外，近年来提出的一种 Z 方法[82]在模拟材料熔化方面也取得了比较好的效果。这种方法的原理与两相法不同，其原理是同质熔化，即熔化实际是从物质的内部发生的。Z 方法首先由 Belonoshko 等人[82]开发并应用在经验分子动力学计算中，后来又被拓展到第一性原理分子动力学计算上。在计算的过程中，Z 方法是尝试去确定热稳定性的阈值。在 NVE（N、V 和 E 分别为粒子数、体积和总能）系综的分子动力学模拟过程中，如果一个系统的总能保持不变，系统的温度会在一定时间突然降低到熔点的位置。那么，如果在模拟的体系的等容图上将所有的 p、T 点连接成线，这个折线的形状就像一个字母 "Z"，所以被称为 Z 方法。由于熔化是一级相变，通常会有一个很大的相变潜热。正是这种相变潜热的存在，通常也会吸收一部分热量，这样就可以降低温度，而减少过热效应。这种方法的好处在于，模拟的胞比较小，会节省很多的计算量。但也需要模拟很长的时间才能得到比较可靠的结果。而且后来发现，随着模拟的温度和真实的过热温度相接近，其模拟需要的时间也会越长，因此想精确的得到熔点，有时也需要很大的计算量。当然，有时候用一种方法计算出的熔点还不可靠，这时需要多种方法一起使用，相互对比测试，从而获得相对可靠性的结果。

为了模拟 XeS_2 的熔化行为，我们使用了第一性原理分子动力学，结合 Z 方法对其熔化进行了模拟。图 3.17 给出了 XeS_2 在不同体积下的等容线，由图可以清晰地看到，其等容线都呈较好的 "Z" 字型。图 3.17（a）表示每个原子体积为 $0.01273nm^3$ 时的等容线。它表示从固体开始，逐渐给体系注入能量，其内部压强和温度线性升高，当达到固体的过热极限时（图中黑色实心方块标记）达到固体的热阈值，当进一步注入能量时，固体则熔化成液体，平衡后的温度和压强（图中黑色实心圆圈标记）即为该体积下的熔点。模拟给出，在该体积下，其过热极限温度为 5504K，熔点为 4968K。当每个原子体积进一步压缩为

0.01132nm³ 时，如图 3.17（b）所示，其过热极限和熔点也相应的升高。过热极限温度变为 6736K，熔点变为 6189K。如图 3.17（c）所示，当每个原子体积压缩为 0.01039nm³，其过热极限温度变为 7744K，熔点变为 7012K。图 3.17（d）所示为每个原子体积为 0.0092nm³ 的结果，其过热极限温度变为 10143K，熔点变为 8649K。从模拟结果可以发现，体系压缩得越大，其过热极限和熔点之间的差值越大（见图 3.18）。这是由于压缩程度（压强）越大，其原子之间的间距越短，从而导致轨道杂化越强，原子间的成键越强。

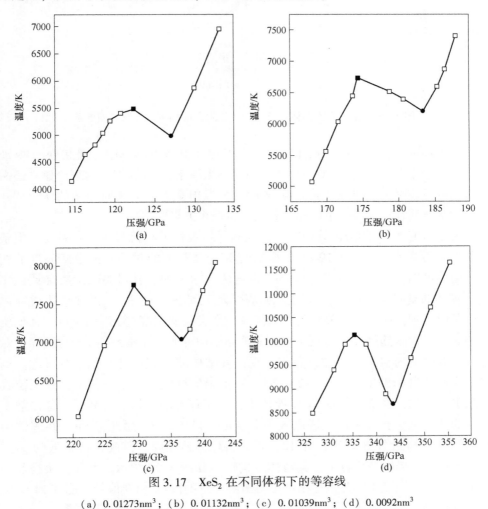

图 3.17 XeS₂ 在不同体积下的等容线

（a）0.01273nm³；（b）0.01132nm³；（c）0.01039nm³；（d）0.0092nm³

对晶体熔化成液态后的结构的研究和表征是当前一个前言的物理问题。众所周知，液态原子不是完全紊乱的，而是呈短程有序结构，或者称为原子团簇。传统理论认为液体的短程结构随温度和压力是连续变化的，但是，越来越多的理论

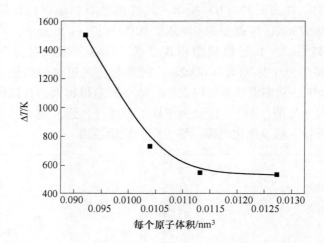

图 3.18　XeS$_2$ 在不同体积下的过热极限温度和熔点之间的温度差

和实验证据显示，在一些特殊体系中，可能存在类似于晶体中一级相变的液-液相变。但"液-液"结构转变的内在机制仍不太清楚，液-液相变的理论建立还需要人们的不懈努力。研究物质的液-液相变可以丰富人们对物质相图的认识，并且对理解物质在极端条件下的物理和化学特性至关重要。

　　为了研究 XeS$_2$ 的液体结构特征，我们仔细观察了其液态在不同温度压强条件下的对关联函数。图 3.19 给出了 XeS$_2$ 特定体积下的对关联函数随温度的变化。由图可知，在压强为 173.5GPa，温度为 6436K 时，其对关联函数（黑色实线）描述的是固体的特征，表明此时系统处于固态（过热）。当其熔化成液体后，可以看到，所有的对关联函数都存在一个尖锐的主峰（第一个峰），其他位置的 $g(r)$ 值都趋近与 1，呈现了典型的液体结构特征，即短程有序长程无序。对比不同温度下的对关联函数，我们发现，其结构演化随温度并不十分敏感。例如：当温度由 6185K 升高到 7420K 时，除主峰的峰值有微小降低外，其他位置处几乎无变化，这反映了在 XeS$_2$ 液体中，其短程有序结构非常稳固，这得益于其强的共价键。通过对对关联函数积分，可以得出原子的配位关系。在固体中 Xe 原子的第一近邻 S 原子数为 12，当其熔化为液体时，其配位数降低为 9.5，呈现出很强的局域结构特征。其液体结构模型如图 3.20 所示。另外，从当前的结果来看，在该液体中并不存在可见的温度导致的液-液相变信号。图 3.21 给出了其液态对关联函数随压强的演化。可以发现，压强的增加，可以导致两个主要的结构变化，一是所有对关联函数的主峰的位置被压缩至更小的 r 值处；二是Xe-S 的峰值在高压下有所降低，而 Xe-Xe 和 S-S 的却有所增加。表明在高压的作用下，其局域结构变得更加明显。

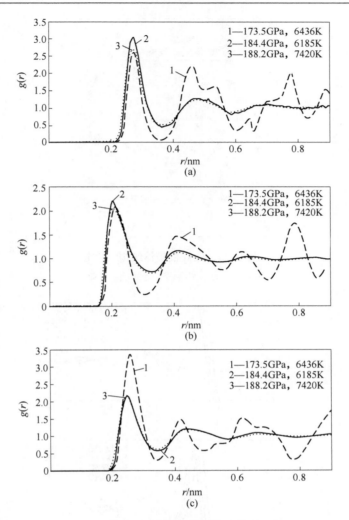

图 3.19　XeS_2 等容线上不同温度下的对关联函数 $g(r)$

（a）Xe-Xe；（b）S-S；（c）Xe-S

　　另外，由于 Xe 和 S 是两种重要的挥发性元素，且地球大气中 Xe 的丰度大量偏低。通过高温高压相图可知，XeS_2 可以在地球下地幔的条件下稳定存在。因此这有可能为"Xe 的消失之谜"提供一种解释，即消失的 Xe 可能以 XeS_2 的形式存在于地球的下地幔。图 3.22 所示为 XeS_2 的熔化线与地热等温线的比较，XeS_2 的熔化线位于地热等温线和铁的熔化线的上方。表明在地球内部条件下，XeS_2 可以以固体的形式存在。再结合 XeS_2 比地幔有更高的密度，我们推测一旦 XeS_2 在地球内部形成，它将因为物理作用而往地球深部迁移。这将更有利于 XeS_2 的稳定，因此也更有可能成为地球大气中"Xe 的消失之谜"的一种可能解释。

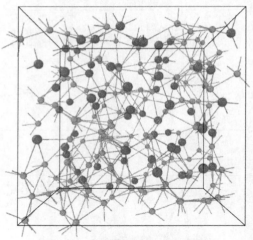

图 3.20　XeS$_2$ 的液体结构示意图

（其中大球表示 Xe 原子，小球表示 S 原子）

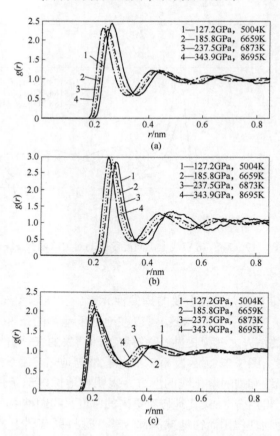

图 3.21　XeS$_2$ 不同温度压强下的对关联函数 $g(r)$

（a）Xe-S；（b）Xe-Xe；（c）S-S

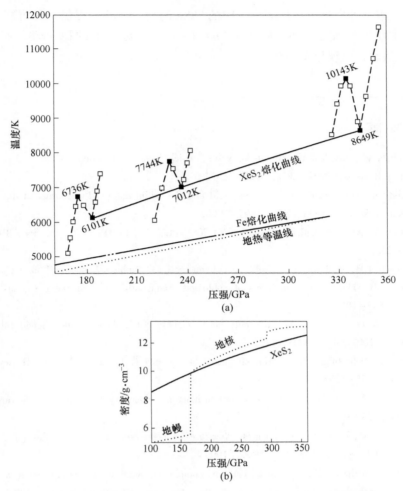

图 3.22　XeS_2 在高压下的熔化线（a）和 XeS_2 的密度随压强的变化（b）

3.4　本章小结

　　本章通过 CALYPSO 结构预测方法系统的研究了 Xe-S 化合物 XeS_n（$n=1\sim6$）在高压下的稳定性。结果表明，Xe 和 S 能在 191GPa、0K 的条件下开始反应，并形成唯一稳定的化合物 XeS_2。通过有限温度密度泛函理论，并结合准简谐近似和自洽晶格动力学方法，本章研究了热激发对其电子和声子的影响，并构建了 XeS_2 的高温高压相图，高压结构预测表明 XeS_2 形成 Laves 相结构。通过分析比较 Xe 与 F_2、O_2、N_2 和 S 等的反应发现，Xe 能够与 F_2、O_2、N_2 和 S 等分别在 0GPa、83GPa、150GPa 和 191GPa 下发生化学反应主要是受电负性的影响（F>O

>N>S)。本书的发现可为地球大气中的"Xe 的消失之谜"提供一种可能的解释。另外，本章也研究了 KrS_n 和 ArS_n ($n = 1 \sim 6$) 在高压下的稳定性，然而直到300GPa 都没有出现稳定的结构。

参 考 文 献

[1] Grochala W. Atypical compounds of gases, which have been called 'noble' [J]. Chemical Society Reviews, 2007 (36): 1632~1655.

[2] Pauling L. The formulas of antimonic acid and the antimonates [J]. Journal of the American Chemical Society, 1933 (55): 1895~1900.

[3] Bartlett N. Xenon hexafluoroplatinate (V) $Xe^+[PtF_6]^-$ [J]. Proc. Chem. Soc, 1962 (6): 197~236.

[4] Holloway J H, Holloway J N. Noble-gas chemistry [J]. Methuen London, 1968.

[5] Ferreira R. The relative stabilities of noble gas compounds [J]. Inorganic Chemistry, 1964 (3): 1803~1804.

[6] Christe K O. A renaissance in noble gas chemistry [J]. Angewandte Chemie International Edition, 2001 (40): 1419~1421.

[7] Haner J, Schrobilgen G J. The chemistry of xenon (IV) [J]. Chemical Reviews, 2015 (115): 1255~1295.

[8] Pyykkö P. Strong closed-shell interactions in inorganic chemistry [J]. Chemical Reviews, 1997 (97): 597~636.

[9] Pettersson M, Lundell J, Räsänen M. New rare-gas-containing neutral molecules [J]. European Journal of Inorganic Chemistry, 1999 (1999): 729~737.

[10] Wells J, Weitz E. Rare gas-metal carbonyl complexes: Bonding of rare gas atoms to the group VIB pentacarbonyls [J]. Journal of the American Chemical Society, 1992 (114): 2783~2787.

[11] Tavčar, G, Žemva B. XeF_4 as a ligand for a metal ion [J]. Angewandte Chemie International Edition, 2009 (48): 1432~1434.

[12] Seidel S, Seppelt K. Xenon as a complex ligand: the tetra xenono gold (II) cation in $AuXe_4^{2+}$ $(Sb_2F_{11}^-)_2$ [J]. Science, 2000 (290): 117~118.

[13] Roithová J, Schröder D. Silicon compounds of neon and argon [J]. Angewandte Chemie International Edition, 2009 (48): 8788~8790.

[14] Kim M, Debessai M, Yoo C S. Two-and three-dimensional extended solids and metallization of compressed XeF_2 [J]. Nature Chemistry, 2010 (2): 784~788.

[15] Khriachtchev L, Tanskanen H, Lundell, J, et al. Fluorine-free organoxenon chemistry: HXeCCH, HXeCC, and HXeCCXeH [J]. Journal of the American Chemical Society, 2003 (125): 4696~4697.

[16] Khriachtchev L, Räsänen M, Gerber R B. Noble-gas hydrides: New chemistry at low temperatures [J]. Accounts of Chemical Research, 2008 (42): 183~191.

[17] Khriachtchev L, Pettersson M, Lundell J, et al. A neutral xenon-containing radical, HXeO [J]. Journal of the American Chemical Society, 2003 (125): 1454~1455.

[18] Khriachtchev L, Lignell A, Juselius J, et al. Infrared absorption spectrum of matrix-isolated noble-gas hydride molecules: Fingerprints of specific interactions and hindered rotation [J]. Journal of Chemical Physics, 2005 (122): 14510.

[19] Khriachtchev L, Isokoski K, Cohen A, et al. A small neutral molecule with two noble-gas atoms: HXeOXeH [J]. Journal of the American Chemical Society, 2008 (130): 6114~6118.

[20] Jiménez-Halla C Ó C, Fernández I, Frenking G. Is it possible to synthesize a neutral noble gas cdompound containing a Ng-Ng bond? A theoretical study of H-Ng-Ng-F (Ng = Ar, Kr, Xe) [J]. Angewandte Chemie International Edition, 2009 (48): 366~369.

[21] Fernández I, Frenking G. Neutral noble gas compounds exhibiting a Xe-Xe bond: Structure, stability and bonding situation [J]. Physical Chemistry Chemical Physics, 2012 (14): 14869~14877.

[22] Evans C J, Lesarri A, Gerry M C. Noble gas-metal chemical bonds. Microwave spectra, geometries, and nuclear quadrupole coupling constants of Ar-AuCl and Kr-AuCl [J]. Journal of the American Chemical Society, 2000 (122): 6100~6105.

[23] Brown E C, Cohen A, Gerber R B. Prediction of a linear polymer made of xenon and carbon [J]. The Journal of chemical physics, 2005 (122): 171101.

[24] Avramopoulos A, Serrano-Andrés L, Li J, et al. On the electronic structure of H−Ng−Ng−F (Ng=Ar, Kr, Xe) and the nonlinear optical properties of HXe_2F [J]. Journal of Chemical Theory and Computation, 2010 (6): 3365~3372.

[25] Kim M, Debessai M, Yoo C S. Two and three dimensional extended solids and metallization of compressed XeF_2 [J]. Nature Chemistry, 2010 (2): 784~788.

[26] Zhu Q, Jung D Y, Oganov A R, et al. Stability of xenon oxides at high pressures [J]. Nature Chemistry, 2013 (5): 61~65.

[27] Brock D S, Schrobilgen G J. Synthesis of the missing oxide of xenon, XeO_2, and its implications for Earth's missing xenon [J]. Journal of the American Chemical Society, 2011 (133): 6265~6269.

[28] Hermann A, Schwerdtfeger P. Xenon suboxides stable under pressure [J]. The Journal of Physical Chemistry Letters, 2014 (5): 4336~4342.

[29] Zhu L, Liu H, Pickard C J, et al. Reactions of xenon with iron and nickel are predicted in the Earth's inner core [J]. Nature Chemistry, 2014 (6): 644~648.

[30] Zhu Q, Jung D Y, Oganov A R, et al. Stability of xenon oxides at high pressures [J]. Nature Chemistry, 2013 (5): 61~65.

[31] Sanloup C, Schmidt B C, Perez E M C, et al. Retention of xenon in quartz and Earth's missing xenon [J]. Science, 2005 (310): 1174~1177.

［32］Probert M. An ab initio study of xenon retention in α-quartz ［J］. Journal of Physics: Condensed Matter, 2010 (22): 025501.

［33］Sanloup C, Bonev S A, Hochlaf M, et al. Reactivity of xenon with ice at planetary conditions ［J］. Physical Review Letters, 2013, 110 (26): 265501.

［34］Kalinowski J, Räsänen M, Gerber R B. Chemically-bound xenon in fibrous silica ［J］. Physical Chemistry Chemical Physics, 2014 (16): 11658~11661.

［35］Shcheka S S, Keppler H. The origin of the terrestrial noble-gas signature ［J］. Nature, 2012 (490): 531~534.

［36］Jephcoat A P. Rare-gas solids in the Earth's deep interior ［J］. Nature, 1998 (393): 355~358.

［37］Wang Y, Lv J, Zhu L, et al. Calypso: A method for crystal structure prediction ［J］. Computer Physics Communications, 2012 (183): 2063~2070.

［38］Wang Y, Lv J, Zhu L, et al. Crystal structure prediction via particle-swarm optimization ［J］. Physical Review B, 2010 (82): 094116.

［39］Zhong X, Wang H, Zhang J, et al. Tellurium hydrides at high pressures: high-temperature superconductors ［J］. Physical Review Letters, 2016 (116): 057002.

［40］Kurzydlowski D, Zaleski-Ejgierd P. High-pressure stabilization of argon fluorides ［J］. Physical Chemistry Chemical Physics, 2016 (18): 2309~2313.

［41］Peng F, Wang Y, Wang H, et al. Stable xenon nitride at high pressures ［J］. Physical Review B, 2015 (92): 094104.

［42］Wang Y, Zhang J, Liu H, et al. Prediction of the Xe-He binary phase diagram at high pressures ［J］. Chemical Physics Letters, 2015 (640): 115~118.

［43］Li Q, Zhou D, Zheng W, et al. Anomalous stress response of ultrahard WB_n Compounds ［J］. Physical Review Letters, 2015 (115): 185502.

［44］Li Q, Zhang X, Liu H, et al. Structural and mechanical properties of platinum carbide ［J］. Inorganic Chemistry, 2014 (53): 5797~5802.

［45］Li Y, Wang Y, Pickard C J, et al. Metallic icosahedron phase of sodium at terapascal pressures ［J］. Physical Review Letters, 2015 (114): 125501.

［46］Peng F, Han Y, Liu H, et al. Exotic stable cesium polynitrides at high pressure ［J］. Scientific reports, 2015 (5): 16902.

［47］Zhu Q, Oganov A R, Zeng Q. Formation of stoichiometric CsF_n compounds ［J］. Scientific reports, 2015 (5): 7875.

［48］Zhang M, Liu H, Li Q, et al. Superhard BC_3 in cubic diamond structure ［J］. Physical Review Letters, 2015 114 (1): 015502.

［49］Kresse G, Furthmüller J. Efficient iterative schemes for ab initio total-energy calculations using a plane-wave basis set ［J］. Physical Review B, 1996 (54): 11169.

［50］Perdew J P, Burke K, Ernzerhof M. Generalized gradient approximation made simple ［J］. Physical Review Letters, 1996 (77): 3865.

[51] Blöchl P E. Projector augmented-wave method [J]. Physical Review B, 1994 (50): 17953.

[52] Togo A, Oba F, Tanaka I. First-principles calculations of the ferroelastic transition between rutile-type and $CaCl_2$-type SiO_2 at high pressures [J]. Physical Review B, 2008 (78): 134106.

[53] Belonoshko A B, Skorodumova N, Rosengren A, et al. Melting and critical superheating [J]. Physical Review B, 2006 (73): 012201.

[54] Grimme S. Semiempirical GGA-type density functional constructed with a long-range dispersion correction [J]. Journal of Computational Chemistry, 2006 (27): 1787~1799.

[55] Naumov I I, Hemley R J. Origin of transitions between metallic and insulating states in simple metals [J]. Physical Review Letters, 2015, 114 (15): 156403.

[56] Landa A, Klepeis J, Söderlind P, et al. Fermi surface nesting and pre-martensitic softening in V and Nb at high pressures [J]. Journal of Physics Condensed Matter, 2006 (18): 5079~5086.

[57] Kohn W. Image of the fermi surface in the vibration spectrum of a metal [J]. Physical Review Letters, 1959 (2): 393~394.

[58] Chan S K, Heine V. Spin density wave and soft phonon mode from nesting Fermi surfaces [J]. Journal of Physics F Metal Physics, 1973 (3): 795~809.

[59] Ashcroft N W. Hydrogen dominant metallic alloys: High temperature superconductors? [J]. Physical Review Letters, 2004 (92): 187002.

[60] Gordon E E, Xu K, Xiang H J, et al. Structure and composition of the 200K-superconducting phase of H_2S at ultrahigh pressure: The perovskite (SH^-) (H_3S^+) [J]. Angewandte Chemie International Edition, 2016 (55): 3682~3684.

[61] Kim D Y, Scheicher R H, Mao H K, et al. General trend for pressurized superconducting hydrogen-dense materials [J]. Proceedings of the National Academy of Sciences of the United States of America, 2010 (107): 2793~2796.

[62] Ashcroft N W. Metallic hydrogen: A high-temperature superconductor? [J]. Physicdal Review Letters, 1968 (21): 1748~1749.

[63] Dong X, Oganov A R, Qian G, et al. How do chemical properties of the atoms change under pressure? [J]. Physics, 2015, 86 (2): 6335.

[64] Bader R F. Atoms in molecules [J]. Accounts of Chemical Research, 1985, 18 (1): 9~15.

[65] Oganov A R, Lyakhov A O, Valle M, et al. Evolutionary crystal structure prediction as a method for the discovery of minerals and materials [J]. Reviews in Mineralogy & Geochemistry, 2010 (71): 271~298.

[66] Weck G, Dewaele A, Loubeyre P. Oxygen/noble gas binary phase diagrams at 296K and high pressures [J]. Physical Review B, 2010 (82): 014112.

[67] Yao Y, Klug D D. High-pressure phase transition and metallization in $Ar(H_2)_2$ [J]. Physical Review B, 2011 (83): 020105.

[68] Loubeyre P, Jean-Louis M, LeToullec R, et al. High pressure measurements of the He-Ne binary phase diagram at 296K: Evidence for the stability of a stoichiometric NeHe$_2$ solid [J]. Physical Review Letters, 1993 (70): 178~181.

[69] Somayazulu M S, Finger L W, Hemley R J, et al. High-pressure compounds in methane-hydrogen mixtures [J]. Science, 1996 (271): 1400~1402.

[70] Stein F, Palm M Sauthoff G. Structure and stability of Laves phases part Ⅱ—structure type variations in binary and ternary systems [J]. Intermetallics, 2005 (13): 1056~1074.

[71] Stein F, Palm M, Sauthoff G. Structure and stability of laves phases. Part Ⅰ. critical assessment of factors controlling laves phase stability [J]. Intermetallics, 2004 (12): 713~720.

[72] Spaulding D K, Weck G, Loubeyre P, et al. Pressure-induced chemistry in a nitrogen-hydrogen host-guest structure [J]. Nature Communications, 2014 (5): 5739.

[73] Dash J. History of the search for continuous melting [J]. Reviews of Modern Physics, 1999 (71): 1737.

[74] Luo S N, Strachan A, Swift D C. Nonequilibrium melting and crystallization of a model lennard-jones system [J]. The Journal of Chemical Physics, 2004 (120): 11640~11649.

[75] Sokolowski-Tinten K, Blome C, Blums J, et al. Femtosecond X-Ray measurement of coherent lattice vibrations near the lindemann stability limit [J]. Nature, 2003 (422): 287~289.

[76] Luo S N, Ahrens T J. Superheating systematics of crystalline solids [J]. Applied Physics Letters, 2003 (82): 1836~1838.

[77] Cazorla C, Alfe D, Gillan M J. Constraints on the phase diagram of molybdenum from first-principles free-energy calculations [J]. Physical Review B, 2012 (85): 064113.

[78] Vočadlo L, AlfèD. Ab initio melting curve of the fcc phase of aluminum [J]. Physical Review B, 2002 (65): 214105.

[79] Wijs G A, Kresse G, Gillan M J. First-order phase transitions by first-principles free-energy calculations: The melting of Al [J]. Physical Review B, 1998, 57 (14): 8223~8234.

[80] Morris J R, Wang C, Ho K, et al. Melting line of aluminum from simulations of coexisting phases [J]. Physical Review B, 1994 (49): 3109.

[81] Belonoshko A B. Molecular dynamics of MgSiO$_3$ perovskite at high pressures: Equation of state, structure, and melting transition [J]. Geochimica Et Cosmochimica Acta, 1994 (58): 4039~4047.

[82] Belonoshko A B, Skorodumova N, Rosengren A, et al. Melting and critical superheating [J]. Physical Review B, 2006 (73): 012201.

4 高压下 Xe 和 H₂ 的化学反应及其应用

4.1 概述

惰性元素 Xe 的最外层电子由填满的 $5s$ 轨道和 $5p$ 轨道构成，化学性质很不活泼。尽管如此，一些 Xe 参与的化学反应，也陆续地被发现[1~30]，并生成了一些新型的化合物。研究表明，在这些 Xe 的化合物中，Xe 都与其他原子形成了很强的化学键，如共价键、离子键或金属键。除此以外，一些弱相互作用的化合物在实验上被合成或在理论上被预测。比如 $Xe(O_2)_2$ 及 $Xe-H_2O$ 的化合物，还有些其他稀有气体的化合物如 $NeHe_2$、$Ar(H_2)_2$、$Kr(H_2)_4$ 和 $(N_2)_{11}He$ 及 $Xe-H_2O$ 体系等[30~33]。构成这些化合物的分子之间主要是以弱的范德瓦尔斯作用相互结合的。它们的稳定性被类似于合金及胶状物的硬球堆积模型来解释，称为范德瓦尔斯固体。

最新实验研究表明[34~36]，当 Xe 和 H_2 混合时，在 5GPa 左右就能得到一系列稳定的 $Xe-H_2$ 化合物如 $Xe(H_2)_7$、$Xe(H_2)_8$ 和 $Xe(H_2)_{10}$。令人意外的是，在这些范德瓦尔斯化合物中，竟然有明显的成键特征，这是首次在实验上观测到的范德瓦尔斯固体中具有强的化学相互作用的证据。另外，随后的理论研究也证实它们的稳定性，并且预测它们将在 250GPa 高压下发生金属化现象[37]。

通过第一性原理高压结构预测方法发现，除上述报道的比例以外，$Xe-H_2$ 化合物存在更为稳定的化合物。由于氢化物在高压导致的高温超导电性的研究具有重要意义，本书也研究了它们在高压条件下的超导电性。

4.2 计算方法

本章通过基于粒子群优化算法的晶体结构预测程序 CALYPSO 方法对高压下的结构进行搜索[38, 39]。在对 XeH_n（$n=1~8$）的结构搜索计算中，每个模拟包含有 1~4 个分子单元，每一代搜索产生 30~40 个结构（第一代是随机产生的）。随后将这些结构通过基于第一性原理的 VASP 程序包[40]进行优化，结构优化的收敛标准为每个细胞 $2×10^{-5}$ eV。在结构搜索模拟终止后，我们再通过 VASP 的 PBE 方法[41]来对能量最低的一些结构进行高精度的优化。选取的赝势是 VASP 官方提供的，分别把 Xe 的 $2s^25p^6$ 和 H 的 $1s^1$ 作为价电子来处理。各个结构的声子谱是利用超胞法，通过 phonopy[42]来计算的。超导转变温度是利用 Allen-Dynes

修正后的 McMillan 方程[43]，在 Quantum-ESPRESS 程序包[44]中实现的。

形成焓的计算公式为：

$$\Delta H(\mathrm{XeH}_n) = [H(\mathrm{XeH}_n) - H(\mathrm{Xe}) - nH(\mathrm{H})]/(1 + n)$$

式中，H 是对应压强下相应物质最稳定的结构的焓。

4.3　结果与讨论

4.3.1　高压条件下 XeHₙ（n=1~8）的晶体结构预测

通过结构搜索计算，本章研究得到了 $\mathrm{XeH}_n(n=1\sim8)$ 在温度为 0K，压强为 0GPa、50GPa、100GPa、200GPa 和 300GPa 时最稳定的结构。为了研究它们的化学稳定性（相对于单质 Xe 和 H₂），我们计算了 $\mathrm{Xe}+(n/2)\mathrm{H}_2\rightarrow\mathrm{XeH}_n$ 反应前后的焓变 $\Delta_f H$，即所谓的形成焓，其结果如图 4.1（a）所示。实验上[4]得到的 $\mathrm{Xe}(\mathrm{H}_2)_7$ 和 $\mathrm{Xe}(\mathrm{H}_2)_8$ 的形成焓也包含在该图中。由于缺乏 $\mathrm{Xe}(\mathrm{H}_2)_{10}$ 的结构信息，该比例的结果没有给出。在 0GPa 时，该反应是无法进行的，所有比例的形成焓都是正值，即不能形成稳定的化合物，而在压强达到 50GPa 时，除 $n=1$、3 和 7 外，所有其他比例的形成焓都变成负值，这就表明，相对于 Xe 和 H₂，它们都是稳定的，也就是可能在实验上通过 Xe 和 H₂ 反应得到的。当然在这些比例中，只有 XeH₂ 和 XeH₄ 是热力学稳定的，而 XeH₅、XeH₆、XeH₈、XeH₁₄ 和 XeH₁₆ 是亚稳定的，在能量上它们更倾向于分解成其他的比例。比如图中 $n=8$ 时，在 50GPa 下，Xe 与 H₂ 可以反应生成 XeH₈，然而如果势垒不是太高，它将很容易分解成 XeH₄ 和 H₂。

图 4.1（b）所示为压强-化学成分相图。其中包括所预测得到的稳定的 XeH₂ 和 XeH₄ 及实验上得到的 $\mathrm{Xe}(\mathrm{H}_2)_7$、$\mathrm{Xe}(\mathrm{H}_2)_8$ 和 $\mathrm{Xe}(\mathrm{H}_2)_{10}$ 的化合物。作为对比，单质 Xe 和 H₂ 的计算结果也包含其中。由图可知，单质 H₂ 在 120GPa 以下时，将形成空间群为 $P6_3/m$ 的结构，当压强高于此压强时，它将相变成 $C2/c$ 结构，当压强继续增加到 260GPa 时，再次相变为 $Cmca$-12 结构，这与其他理论计算[45]的结果一致。对于单质 Xe，PBE 的计算结果表明常压下的面心立方（fcc）结构将在 5GPa 时相变成六角（hcp）结构。当考虑范德瓦尔斯相互作用时，其相变压强为 2.5GPa，这与实验上观测到的（5~75GPa）及其他理论计算的结果存在一定偏差[46-48]。这是由于 fcc 和 hcp 结构的 Xe 在能量上的差异非常之小，微小的计算精度差别都可能产生这种偏差。为了进一步确定我们计算结果的可靠性，我们通过 PBE、PBE+D2 和 vdW-DF 方法计算了 Xe 的状态方程，结果如图 4.2 所示。可以看到，跟实验结果相比，三种方法都能很好地描述 Xe 在高压条件下的状态方程，证明了我们预测结果的可靠性。相对而言，在低压（10~25GPa）下，vdW-DF 方法得到的结果跟实验符合得最好，而在更高压强下，PBE+D2 的结果符合更好。

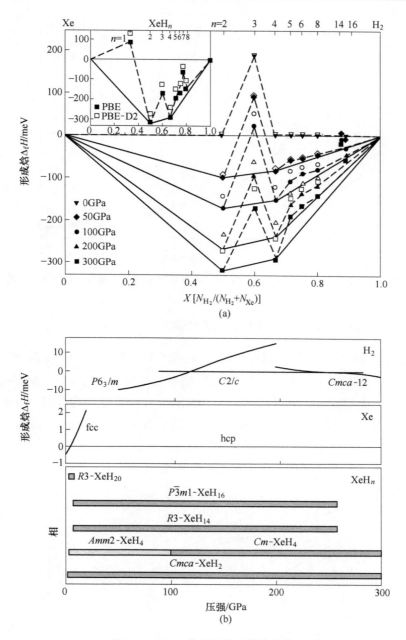

图 4.1 Xe-H 体系的热力学稳定性

(a) 0K 不同压强下最稳定的 XeH$_n$ 固体的形成焓（其中 n=2~6，8，14 和 16，由于 n=1 和 7 的形成焓太高，将其画在插图中。实线相连的实心标记是不同比例的稳定相（相对于 Xe 和 H$_2$），虚线相连的空心标记是亚稳定相或不稳定相，亚稳定相是指 Xe 与 H$_2$ 可以反应形成该相，然而，它又将分解成相邻的稳定相）；(b) 单质 Xe 和 H$_2$ 及其化合物的高压相图

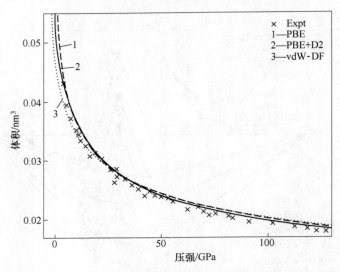

图 4.2　通过 PBE、PBE+D2 和 vdW-DF 方法计算得到的单质 Xe 的状态方程

4.3.2　XeH₂ 的稳定性、成键机制及电子性质

由图 4.1 得知，XeH₂ 是最稳定的 Xe-H 化合物。XeH₂ 在 1GPa 时开始变得热力学稳定（见图 4.3）。我们预测的 XeH₂ 能量最低的结构是一个正交结构，空间群为 *Cmcm*，其稳定性一直保持到至少 300GPa，每个晶胞中含有四个分子式，即可写成 Xe₄H₈，其结构图如图 4.4 所示，晶格参数见表 4.1。在该结构中，两个

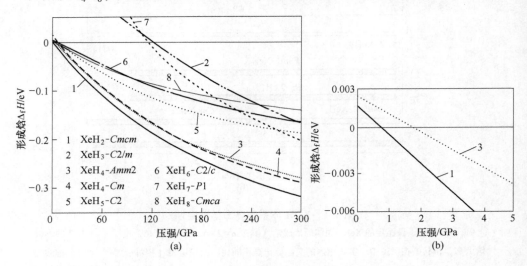

图 4.3　预测的 Xe-H 化合物的形成焓随压强的变化曲线（a）
和 XeH₂-*Cmcm* 和 XeH₄-*Amm2* 的细节（b）

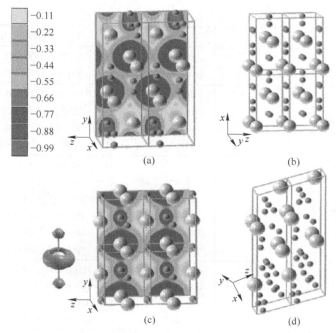

图 4.4 相应的 Xe-H 化合物的结构图及其相应的电子局域函数分布图
（a）$Cmcm$-XeH$_2$；（b）$Amm2$-XeH$_4$；（c）$Cmmm$-XeH；（d）Cm-XeH$_4$

表 4.1 XeH$_n$（$n=1\sim8$）在相应压强下的晶格参数

相	压强/GPa	空间群	晶格参数	原子坐标
XeH$_2$	100	$Cmcm$	$a = 0.3292$nm $b = 0.9081$nm $c = 0.3214$nm	H1(4c) 0.0000 0.8998 0.7500 H2(4c) 0.5000 0.5192 0.2500 Xe(4c) 0.5000 0.8586 0.2500
XeH$_4$	50	$Amm2$	$a = 0.3490$nm $b = 0.3400$nm $c = 0.5910$nm	H1(2b) 0.5000 0.0000 0.5209 H2(2b) 0.5000 0.0000 0.6448 H3(4c) 0.6056 0.0000 0.2467 Xe(2a) 0.0000 0.0000 0.9210
XeH$_4$	200	Cm	$a = 1.0588$nm $b = 0.299$nm $c = 0.2969$nm $\beta = 106.236°$	H1(4b) 0.1155 0.1203 0.3481 H2(2a) 0.9157 0.0000 0.2163 H3(2a) 0.8312 0.0000 0.5119 H4(2a) 0.8889 0.0000 0.7091 H5(2a) 0.9800 0.0000 0.1781 H6(2a) 0.1916 0.5000 0.3022 H7(2a) 0.2000 0.5000 0.5556 Xe1(2a) 0.0247 0.5000 0.7520 Xe2(2a) 0.7784 0.5000 0.0082

相	压强/GPa	空间群	晶格参数	原子坐标
XeH	200	$Immm$	$a=0.3072\text{nm}$ $b=0.3675\text{nm}$	H(2b) 0.0000 0.5000 0.5000 Xe(2c) 0.5000 0.5000 0.0000
XeH₃	300	$C2/m$	$a=0.4834\text{nm}$ $b=0.2831\text{nm}$ $c=0.6092\text{nm}$ $\beta=12.2181°$	H1(4i) −0.2450 0.0000 0.4545 H2(4i) −0.0798 0.0000 0.5572 H3(2b) 0.5000 0.0000 0.0000 Xe(4i) −0.1967 −0.5000 0.2286
XeH₅	300	$C2$	$a=0.4784\text{nm}$ $b=0.2763\text{nm}$ $c=0.6648\text{nm}$ $\beta=10.3742°$	H1(4c) 0.8777 0.4389 0.0011 H2(4c) 0.0041 0.5121 0.4447 H3(4c) 0.1750 0.1438 0.5475 H4(4c) 0.1726 0.8849 0.5496 H5(4c) 0.2948 0.1593 0.0002 Xe(4c) 0.0748 0.0119 0.2284
XeH₆	300	$C2/c$	$a=0.4313\text{nm}$ $b=0.7514\text{nm}$ $c=0.2799\text{nm}$ $\beta=8.8253°$	H1(8f) 0.1938 −0.4096 −0.7696 H2(8f) 0.4884 −0.1251 −0.6213 H3(8f) 0.6528 −0.0129 −0.12584 Xe(4e) 0.5000 −0.3369 −0.25000
XeH₇	300	$P1$	$a=0.2809\text{nm}$ $b=0.2864\text{nm}$ $c=0.6092\text{nm}$ $\alpha=83.212°$ $\beta=95.905°$ $\gamma=86.691°$	H1(1a) 0.0754 0.5562 0.9024 H2(1a) 0.6579 0.4582 0.2426 H3(1a) 0.5641 0.6126 0.4471 H4(1a) 0.1071 0.7217 0.5983 H5(1a) 0.8762 0.5453 0.3031 H6(1a) 0.1189 0.2046 0.4536 H7(1a) 0.3605 0.7791 0.4640 H8(1a) 0.9803 0.5400 0.5389 H9(1a) 0.5786 0.5536 0.9393 H10(1a) 0.7360 0.5372 0.0409 H11(1a) 0.1763 0.6019 0.7989 H12(1a) 0.2602 0.3841 0.3863 H13(1a) 0.6795 0.1382 0.3805 H14(1a) 0.8570 0.9291 0.3967 Xe1(1a) 0.6226 0.1187 0.7208 Xe2(1a) 0.2093 0.0062 0.1222
XeH₈	300	$Cmca$	$a=0.3925\text{nm}$ $b=0.6628\text{nm}$ $c=0.3949\text{nm}$	H1(16g) −0.8089 −0.2455 0.6784 H2(8f) 0.0000 0.4105 0.9700 H3(8f) 0.0000 0.1866 0.5559 Xe(4a) 0.0000 0.0000 0.0000

最近邻的 H 原子之间的距离在 10GPa 时为 0.745nm，并且其随压强的变化不敏感（见图 4.5）。比如在 300GPa 时，H-H 距离变为 0.0730nm。值得注意的是，

这个距离非常接近气态 H_2 分子和常压条件下的固态 H_2 分子的键长，表明 H-H 之间具有很强的相互作用。这个特性与其他富氢化合物如 SiH_4、GeH_4 和 SnH_4 等非常相似[49]。相比之下，最近邻的 Xe-H 距离在低压下（100GPa 以下）随压强的增加急剧减小，而在高压下随压强的变化要平缓得多，其变化线几乎与 H-H 的平行（见图 4.5）。这就从侧面说明了在低压下，Xe-H 的相互作用还比较弱，而在高压下变得很强。

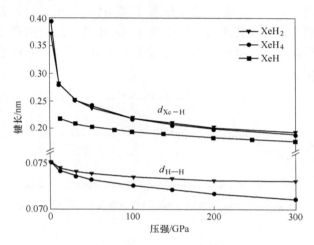

图 4.5　相应 Xe-H 化合物的键长随压强的变化

图 4.6 所示为 XeH_2-*Cmcm* 的体积随压强的变化关系，同时也给出了相同比例单质 Xe 和 H_2 体积之和的结果。对比发现，$4Xe + 4H_2 \rightarrow Xe_4H_8$ 这个反应会导致体积塌缩，比如在 10GPa 时，其体积变化约为 2.5%，表明了该反应是在压强驱使下进行的。

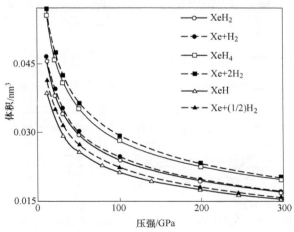

图 4.6　相应 Xe-H 化合物及其相同成分的单质的体积随压强的变化

　　为了检验 XeH₂-*Cmcm* 的动力学稳定性，我们通过超胞法计算了它在不同压强下的声子谱。图 4.7 （a）~（c）分别给出了它在 50GPa、100GPa 和 300GPa 下的结果。可以清晰地看到，这些声子谱都没有出现虚频，表明该热力学稳定的结构在这些压强下也是动力学稳定的。另外，通过分析我们发现，XeH₂-*Cmcm* 的声子谱可清晰的分为 3 个部分。频率最高的部分是由类氢单元 "H₂" 的内部振动引起的；低频部分主要是 Xe 原子的振动导致的，由于 Xe 原子的质量很大，因此其振动频率很小；中间的频率主要来源于 Xe-H 的共振。可以发现，高频和低频部分的振动随压强的变化不大，而来源于 Xe-H 共振的中频部分随压强的变化非常明显，即压强增大，振动频率明显增大。这也暗示着 Xe-H 之间的相互作用在高压下得到增强。

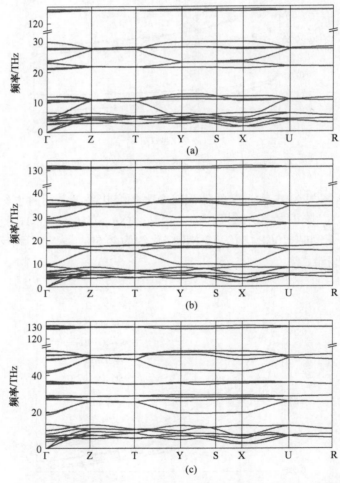

图 4.7　XeH₂-*Cmcm* 在 50GPa （a）、100GPa （b） 和 300GPa （c） 下的声子谱

　　根据上一节键长的分析，最近邻的 H-H 键长非常类似 H$_2$ 分子，这与一些范德瓦尔斯固体的特性非常相似。然而，初步分析 Xe-H 的键长随压强的变化关系及晶格动力学性质又暗示着压强降低导致 Xe-H 产生较强的相互作用。那么 XeH$_2$-*Cmcm* 究竟是范德瓦尔斯固体还是具有化学相互作用的真正的化合物呢？为了研究这个问题，本书分析了 XeH$_2$-*Cmcm* 在高压下的成键性质。首先本书计算了它在 300GPa 时的电子局域函数（ELF），如图 4.8（a）所示。由图可知，两个最近邻的 H 原子之间具有很大的 *ELF* 值，约为 0.99。这表明它们具有很强的共价键作用，形成类似于范德瓦尔斯固体的 H$_2$ 分子单元。对于最近邻和次近邻的 Xe-H 原子，它们之间的 *ELF* 值分别约为 0.45 和 0.25。这表明，每个"H$_2$"单元中的一个 H 原子也与其最近邻的 Xe 原子形成了弱的共价键作用，对于另一个 H 原子，它受到最近邻的 Xe 原子的离子键作用。

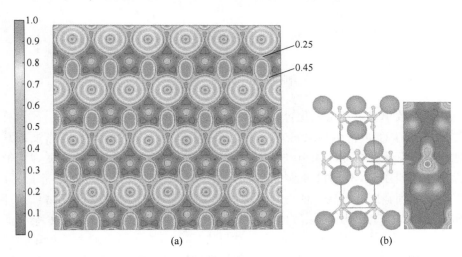

图 4.8　XeH$_2$-*Cmcm* 在 300GPa 下的电子局域函数分布图（a）和其差分电荷密度图（b）

　　另外，本书计算了 XeH$_2$-*Cmcm* 在 300GPa 下的差分电荷密度，如图 4.8（b）所示。由图可以清晰地看到，该结构中的"H$_2$"单元中的两个 H 原子周围的电荷分布呈现明显的极性，且靠近最近邻 Xe 的 H 原子周围的电荷呈现往 Xe 原子方向聚集的现象。这种现象意味着它们之间存在着混合离子和共价键的作用，即在该结构中的"H$_2$"与 Xe 具有明显的化学相互作用，从而表明 XeH$_2$ 并非简单的范德瓦尔斯固体，而是一种具有较强化学键作用的化合物。

　　为了进一步研究压强导致 XeH$_2$-*Cmcm* 中 Xe-H 成键的原因，本书通过 Bader 电荷分析[50]计算了原子间的电荷转移随压强的变化情况，结果如图 4.9 所示。可以清晰地看到，在接近 0GPa 时，Xe 的电荷转移量几乎为零，表明在常压或者低压条件下，XeH$_2$ 的成键作用很弱，此时，维持其稳定的主要是范德瓦尔斯相互作用。当压强略微增加时，Xe 的电荷转移量急剧增加。这就说明，外界压强将导致 XeH$_2$ 的电荷重新分布，以便降低其晶格内能从而达到更稳定的状态。

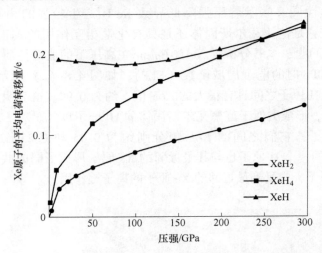

图 4.9　相应 Xe-H 化合物中 Xe 原子的平均电荷转移量随压强的变化

　　高压导致单质氢及富氢化合物的金属化是凝聚态物理的热门研究。我们首先通过 PBE 方法计算了 XeH$_2$-*Cmcm* 在不同压强下的电子能带结构和态密度，其带隙随压强的变化关系如图 4.10 所示。我们发现，XeH$_2$-*Cmcm* 在低压下为宽带隙绝缘体，比如在 50GPa 时，带隙为 5.5eV，当压强达到约 250GPa 时，带隙关闭，发生绝缘体到金属的转变。值得注意的是，传统的 DFT 泛函会低估材料的带隙，从而低估材料的金属化压强。为了得到更精确的结果，我们采用 HSE06 杂化泛函的方法[51]计算了相同条件下的能带。结果表明，XeH$_2$-*Cmcm* 的金属化压强约为 300GPa。图 4.11 所示为它在 300GPa 下的能带结构和分波态密度图。可以看到，在布里渊区高对称的 Γ 点处，价带和导带重叠，导致带隙关闭，出现金属化现象。

　　从 XeH$_2$-*Cmcm* 的分波态密度图 4.11（b）可以看到，即使在 300GPa 的高压下，Xe 5*s* 电子仍然非常局域，主要局域在−30～−20eV 能量范围内。而 H 1*s* 电子和 Xe 5*p* 电子却呈现出较强离域性，几乎在整个价带区间都有明显的贡献。并且仔细观察发现，H 1*s* 和 Xe 5*p* 轨道呈现较强的杂化现象，这种杂化使得 Xe-H 之间产生较强的共价键作用，这与上述关于成键的分析是一致的。为了探索形成这种杂化的原因，我们构建了两个假想的结构：XeH$_0$-*Cmcm* 和 Xe$_0$H$_2$-*Cmcm*。前者表示从 XeH$_2$-*Cmcm* 中移除所有的 H 原子，后者表示移除所有的 Xe 原子。然后我们再计算它们的态密度，结果如图 4.11（c）所示。通过与 XeH$_2$-*Cmcm* 的分波态密度的对比，我们发现，在 XeH$_0$-*Cmcm* 中加入 H（或在 Xe$_0$H$_2$-*Cmcm* 中加入 Xe）会使 Xe 5*p* 轨道能量降低，H 1*s* 轨道能量升高，从而实现杂化。

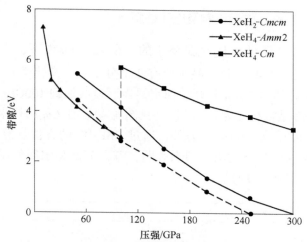

图 4.10 相应 Xe-H 化合物的带隙随压强的变化关系

（其中虚线表示用 PBE 方法计算的 XeH$_2$-*Cmcm* 的结果，其他均为 HSE06 方法计算的结果）

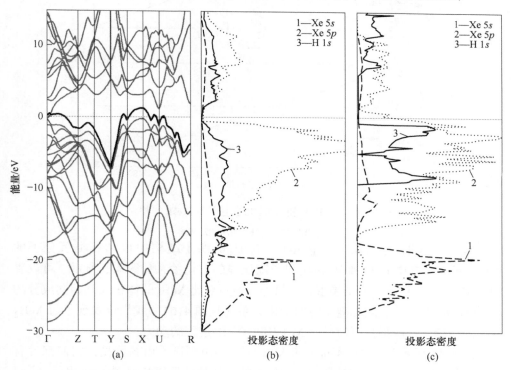

图 4.11 用 HSE06 方法计算的 XeH$_2$-*Cmcm* 在 300GPa 下的能带（a）、

投影态密度（b）及 XeH$_0$-*Cmcm* 和 Xe$_0$H$_2$-*Cmcm* 的投影态密度（c）

（横的虚线表示费米能级。（a）图中高亮的实线（黑色）表示在 400GPa 下穿过费米能级的那条能带）

4.3.3　XeH$_4$的稳定性、成键机制及电子性质

通过图 4.1 可以看到 XeH$_4$ 也是稳定的。在 100GPa 以下，它形成空间群为 *Amm*2 的结构（见图 4.4），每个晶胞含有 2 个分子式，其化学式可写成 Xe$_2$H$_8$。XeH$_4$-*Amm*2 在压强约为 2GPa 时开始稳定，当压强增加到 100GPa 时，将发生结构相变，由 *Amm*2 结构相变为 *Cm* 结构（见图 4.4）。在 *Cm* 结构中，每个晶胞含有 4 个分子式，可写成 Xe$_4$H$_{16}$。另外，通过 PBE-D2 的方法计算了 XeH$_4$-*Amm*2 和 XeH$_4$-*Cm* 在不同压强下的焓。结果表明，考虑范德瓦尔斯作用后，其相变压强变为 110GPa（见图 4.12）。

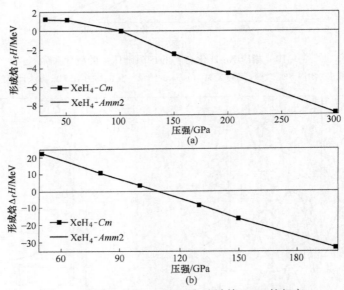

图 4.12　用 PBE 和 vdW-D2 方法计算 XeH$_4$的相变

（a）PBE 方法；（b）vdW-D2 方法

XeH$_4$ 与 XeH$_2$ 在结构上非常相似，XeH$_4$ 的两个结构中也具有类氢分子的"H$_2$"单元。其中 H-H 和 H-Xe 的键长随压强的变化关系如图 4.5 所示，可以看到，它们几乎跟 XeH$_2$ 的结果重合。另外，通过对比 XeH$_4$ 的体积及其相同成分的单质 Xe 和 H$_2$ 的体积之和随压强的变化关系（见图 4.6），我们也发现了与 XeH$_2$ 相同的结论，即压强是驱使反应 Xe+2H$_2$→XeH$_4$进行的动力。

图 4.13 所示为 XeH$_4$-*Amm*2 和 XeH$_4$-*Cm* 的声子谱。由图可见，它们都没有出现虚频，也即表明它们都是动力学稳定的。另外，类似 XeH$_2$声子谱也可分为 3 个部分，即低频的 Xe 的振动、高频的"H$_2$"单元的内部振动和中频的 Xe-H 的共振部分。

图 4.9 所示为 XeH$_4$中 Xe 的电荷转移随压强的变化关系。由图可知，在

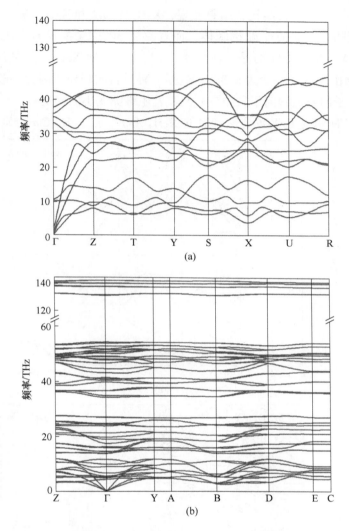

图 4.13 XeH$_4$-*Amm*2 和 XeH$_4$-*Cm* 分别在 80GPa（a）和 300GPa（b）下的声子谱

0GPa 时，Xe 的电荷转移量接近零，随着压强的增大，Xe 的电荷转移量急剧增加。这种变化也非常类似 XeH$_2$。不同之处在于，在相同压强下 XeH$_4$ 中 Xe 的电荷转移量要比 XeH$_2$ 的大，前者约是后者的两倍。这是因为前者的电子受体 H 的数目更多，平均看来，Xe 的电荷转移量与 XeH$_2$ 的类似。

值得注意的是，在发生 XeH$_4$-*Amm*2 到 XeH$_4$-*Cm* 的结构相变时，它们的体积塌缩很小，只有约 0.2%。并且这两个结构在能量上差别也不大，比如在 200GPa 时，XeH$_4$-*Cm* 中每个原子的形成焓要比 XeH$_4$-*Amm*2 的低 5MeV。尽管如此，这两个结构在电子结构上的差异却是巨大的。通过 HSE06 方法[51]我们计算它们在不同压强下的电子能带结构，结果发现，XeH₄-*Amm2* 和 XeH₄-*Cm* 在它们各自稳定的压强区间内都是宽带隙绝缘体，而且直到 300GPa 都没有发现金属化现象（见图 4.10）。并且奇怪的是，在发生 XeH₄-*Amm2* 到 XeH₄-*Cm* 的结构相变时，XeH₄ 的带隙由 3.0eV 突变为 5.8eV。这是一种反常的现象，因为一般情况下，压强会导致原子的轨道趋向于重叠，并使其发生带隙变小的相变。

图 4.14 所示为 HSE06 方法计算的 XeH₄-*Amm2* 和 XeH₄-*Cm* 分别在 50GPa 和

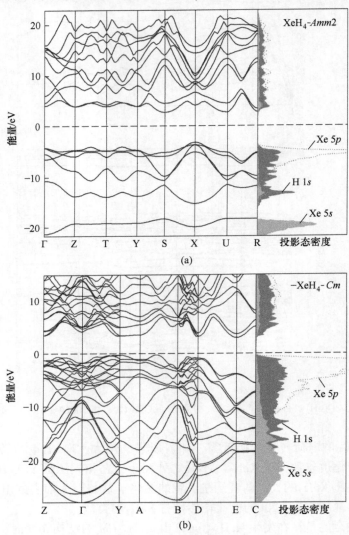

图 4.14　用 HSE06 方法计算的 XeH₄-*Amm2* 和 XeH₄-*Cm* 分别在

50GPa（a）和 300GPa（b）下的电子能带结构和投影态密度

（横虚线表示费米能级）

300GPa 的电子能带结构和分波态密度。可以清晰地看到，它们都具有很宽的带隙。在 50GPa 时，XeH_4-*Amm*2 的价带主要分为两部分，能量最低（−20eV）的能带为 Xe 5s 态，其态密度呈现很强的尖峰，表明它的局域性很强。能量在 −15eV 以上的，主要为 Xe 5p 态和 H 1s 态的贡献。显然，尽管处在这两个轨道上的电子也很局域，但它们的能带出现了很大程度的交叠，具有较强的相互作用。在 300GPa 时，XeH_4-*Cm* 的最低能带仍然是 Xe 5s 轨道的贡献，但是相对而言，其态密度峰不再尖锐，电子变得更离域一些，而且由于能带的展宽，使其与 H1s 轨道发生了明显的重叠而产生一定的相互作用。对于能量更高的能带，主要也是来自 Xe 5p 和 H 1s 轨道的贡献。可以看到，尽管在这么高的压强下，相对于 XeH_4-*Amm*2，其 Xe 5p 和 H 1s 态的分布也没有发生太大的改变，从而导致 XeH_4 的带隙在 300GPa 下仍然很大。

4.3.4　XeH 的稳定性、成键机制及电子性质

对于第 4.3.2 和 4.3.3 节讨论的两种稳定的化合物 XeH_2 和 XeH_4，H 原子都是以类"H_2"分子单元的形式存在。然而对于化学配比为 1:1 的 XeH，本书预测了一个特殊的结构，在该结构中，Xe 原子嵌入到共价作用的 H—H 键中，形成—H—Xe—的链状结构（见图 4.4）。其结构所属的空间群为 *I*/*mmm*，每个晶胞含有两个分子式。通过计算形成焓发现，即使压强达到 300GPa，XeH-*I*/*mmm* 的形成焓都是正值，这就说明相对于单质 Xe 和 H_2，XeH 在该压强范围内都是不稳定的，也就是说在实验上不能通过单质 Xe 和 H_2 来合成 XeH。但是，有趣的是，通过计算它们的声子谱，发现 XeH-*I*/*mmm* 在动力学上是稳定的。其稳定的压强约为 100GPa，并且至少可以稳定到 300GPa，其相应的声子谱如图 4.15 所示。可以发现，在低压下，布里渊区 ZΓ、PN、NΓ 方向的声子谱出现软化现象，而在高压下它们越来越稳定。这就表明，XeH 是一种亚稳定的化合物。而且高压的作用能使其晶格更稳定。

值得注意的是，之前有大量的研究表明，Xe（包括其他稀有气体元素）与 H 确实能够结合形成一些亚稳态化合物，比如 HXeY（Y=H、O、Cl、Br、I、S 和 C 或它们组成的基团等）[1]。这些化合物的能量也相对较高（形成焓为正值），但在动力学上是稳定的，其稳定性依靠自身较高的能垒来抑制其分解。然而正是因为它们相对较高的分子能量和不容易克服的能垒，一旦这类分子被合成，它们将很可能成为高能量材料。对于 XeH，理论上它可以成为高能量材料。通过计算发现，分解反应 $Xe_2H_2 \rightarrow H_2 + 2Xe$ 在 100GPa 时将释放约 2.079eV 的能量。

通过计算最近邻的 Xe—H 距离，本书发现 XeH-*I*/*mmm* 的 Xe—H 键长要比 XeH_2 和 XeH_4 的小得多，并且其键长随压强的变化如图 4.5 所示。可以清晰地看到，在所研究的整个压强区间内，XeH-*I*/*mmm* 的 Xe—H 键长都比 XeH_2 和 XeH_4

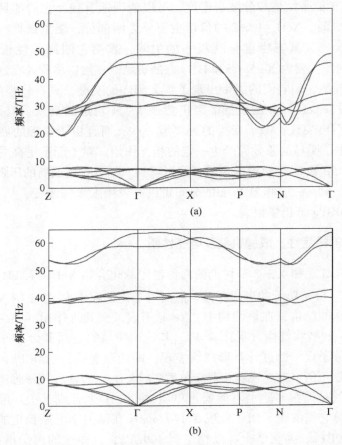

图 4.15   XeH-*I/mmm* 在 100GPa(a) 和 300GPa(b) 下的声子谱

小 0.02nm 以上。并且值得注意的是，在该化合物中，Xe—H 键长随压强的变化要比后两者缓和得多。比如在 10GPa 时为 0.218nm，在 300GPa 时为 0.178nm。这就意味着在这个压强区间内，XeH 应该具有比 XeH$_2$ 和 XeH$_4$ 更强的化学键作用。有必要指出的是，之前报道过的 Xe 的氢化物 HXeOH、HXeOXeH 和 HXeCCXeH 中的 Xe—H 键长分别为 0.172nm、0.176nm 和 0.178nm[17,19]，这跟本书预测的 XeH 的情况非常类似。表明它们应该具有相同的成键特性。

为了确定 XeH 的成键，我们计算了 XeH-*I/mmm* 的电子局域函数。图 4.4 所示为它在 300GPa 下的结果。由图可知，—H—Xe—的链状结构清晰可见，最近邻 Xe—H 之间的电子局域函数值达到了 0.66，表明了它们之间确实存在着很强的共价键作用。通过三维轮廓图，可以看到，Xe 的电子局域函数在 Xe 原子周围成一个环状，表明原本被电子填满、闭合的 Xe 5*p* 壳层被完全打开，以便于 H 形成共价键作用。通过 Bader 电荷分析[50]，我们发现在 100GPa 时，Xe 的电荷转移量为每原子 0.19e。在同样的压强条件下，这比 XeH_2 和 XeH_4 中的 Xe 的电荷转移量要大得多。当然，有一点需要指出，Bader 分析往往会低估化合物中原子所带的电荷量，比如，对于 NaCl 中的 Na 原子，其计算的带电量为+0.83e。我们计算的 XeH 中 Xe 的电荷转移量随压强的变化关系表示在图 4.9 中。可以发现，相对 XeH_2 和 XeH_4 而言，Xe 电荷转移量对压强的敏感度也要低一些。比如，从 100GPa 到 300GPa，电荷转移量只增加了 0.03e 每原子。

图 4.16 所示为 HSE06 方法计算的 XeH-I/mmm 在 100GPa 下的能带和分波态密度。意外的是，XeH 竟然是金属。由图可知，我们可以看到数条能带穿过费米能级。投影态密度图也显示费米能级处具有很大的态密度值。费米能级处的态密度主要来自 Xe 5p 轨道和 H 1s 轨道的贡献。并且，在费米能级附近，Xe 5p 轨道和 H 1s 轨道出现了很强的杂化，这应该就是 XeH 呈金属性的原因。

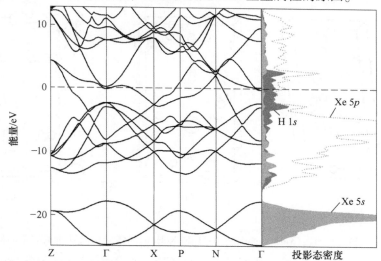

图 4.16　用 HSE06 方法计算的 XeH-I/mmm 在 100GPa 下的能带和分波态密度
（横虚线表示费米能级）

4.3.5　其他亚稳态的 Xe-H 化合物

通过图 4.1 得知，除了上述讨论的热力学和动力学都稳定的 XeH_2 和 XeH_4 及热力学上不稳定但动力学稳定的亚稳态的 XeH 外，还存在着一些其他的亚稳定的 Xe-H 化合物：XeH_3、XeH_5、XeH_6、XeH_7 和 XeH_8。其中 XeH_3 和 XeH_7 分别在 125GPa 和 116GPa 下开始变得亚稳定；而其他的都在 10GPa 以内就可以形成。它们的晶体结构如图 4.17 所示，其所属的空间群也在图中标示。另外，这些化合物相应结构参数见表 4.1。

　　为了检验它们的动力学稳定性，分别计算了它们在 300GPa 下的声子谱，结果如图 4.18 所示，可以发现，它们的声子谱也都没有出现虚频，表明它们是动力学稳定的。为了研究它们的电子性质，通过 HSE06 杂化泛函的方法计算了它们在 300GPa 的电子能带结构，如图 4.19 所示。由图可知，这些化合物类似 XeH$_4$，直到 300GPa 仍没有发生金属化。

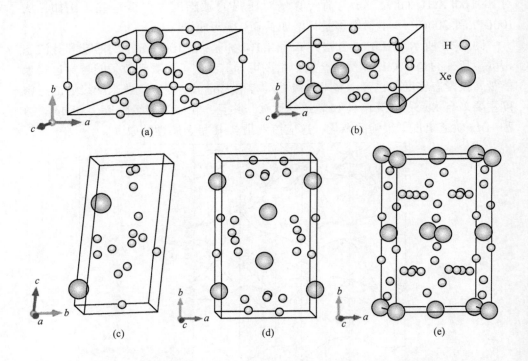

图 4.17　XeH$_3$、XeH$_5$、XeH$_6$、XeH$_7$ 和 XeH$_8$ 的晶体结构及其所属的空间群
（a）XeH$_3$-$C2/m$；（b）XeH$_5$-$C2$；（c）XeH$_6$-$C2/c$；（d）XeH$_7$-$P1$；（e）XeH$_8$-$Cmca$

4.3.6　XeH$_2$ 和 XeH 的超导电性

　　氢是元素周期表中质量最小的元素。根据 BCS 超导理论，材料的超导温度与德拜温度成正比，而德拜温度与材料的质量成正比，因此，单质氢被预言具有很高的超导温度（140~600K）。然而由于单质氢在常压下是绝缘体，而且目前的高压实验发现直到 300GPa，它都没有实现金属化，因此，要在实验上研究或者制得超导态的 H$_2$，目前的科技手段还很难实现[52]。

　　最近，超导领域的科学家提出了另一种得到超导态 H$_2$ 的途径，在富氢化合物中，存在一种"预压缩"效应。在这些化合物如 SiH$_4$、GeH$_4$ 和 SnH$_4$ 中，H 原

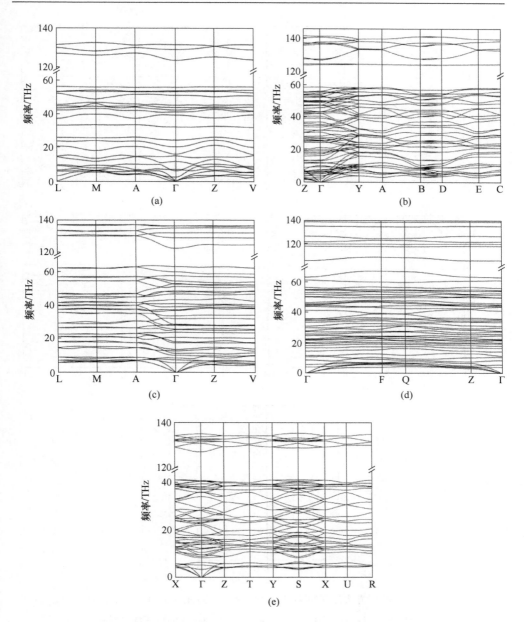

图 4.18　XeH$_3$-C2/m（a）、XeH$_5$-C2（b）、XeH$_6$-C2/c（c）、
XeH$_7$-P1（d）和 XeH$_8$-Cmca（e）在 300GPa 下的声子谱

子由于预先受到其他元素的挤压，从而给它加一个相对较小的压强就能实现金属化，而且无论是理论还是实验都证实了这一观点[49,52,53]。

在我们预测的 Xe-H 化合物中，传统的 PBE 方法和改进的 HSE06 杂化泛函方

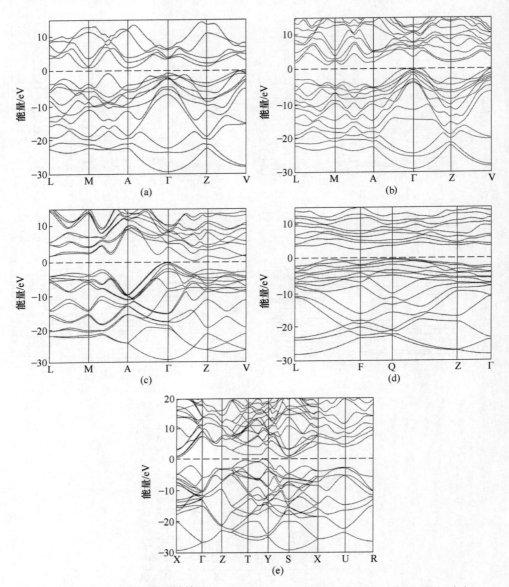

图 4. 19   通过 HSE06 方法计算的 XeH₃-*C2/m*（a）、XeH₅-*C2*（b）、XeH₆-*C2/c*（c）、
XeH₇-*P*1（d）和 XeH₈-*Cmca*（e）在 300GPa 下的电子能带结构

（横虚线表示费米能级）

法计算的 XeH₂ 的金属化压强分别为 250GPa 和 300GPa。尽管很高，但是也比单质 H₂ 的金属化压强低。因而也存在着上述所谓的 "预压缩" 效应。而对于 XeH，我们发现它在 100GPa 下就显金属性。除此以外，其他的 Xe-H 化合物直到

300GPa 都没有发生绝缘体到金属相的转变。考虑到稀有气体 Xe 的特殊性，如果能在这一类氢化物中找到超导电性存在的证据，那将具有重大意义。因为这将开辟一条新的寻找超导材料的途径。

通过仔细观察两种金属态的 XeH_2（见图 4.11）和 XeH（见图 4.16）的能带结构，我们发现它们都呈现出了一种特征：即在费米能级附近，同时出现了陡峭和平滑的能带。比如 XeH_2，其平滑的能带出现在布里渊区的 Γ 点附近，而陡峭的能带出现在其他的高对称的 S 点和 U 点附近。对于 XeH，平滑的能带也出现在 Γ 点附近，陡峭的则在 P 点和 N 点附近。而根据超导理论观点，这种情况非常有利于电子的配对，而配对电子是实现超导电性的必要条件。为了探索 Xe-H 化合物的超导电性，我们分别计算了 XeH 和 XeH_2 在金属化后的不同压强下电子声子耦合强度函数 $\lambda(\omega)$ 及 Eliashberg 声子谱函数 $\alpha^2 F(\omega)$。

图 4.20（a）所示为 XeH-I/mmm 在 300GPa 下的 $\lambda(\omega)$ 和 $\alpha^2 F(\omega)$ 以及与之对应的声子态密度分布。首先，我们可以看到，XeH-I/mmm 的电声耦合相互作用主要来自两部分的贡献：低频的 Xe 的平移振动部分和中高频的 H 的振动。频率在 14THz 以下的 Xe 的振动对电声耦合相互作用的贡献高达 65%，而后者只有 35%。这个结果让我们感到意外，因为通常情况，富氢化物中的 H 的振动被认为是产生电声相互作用的主要贡献者。通过对频率的积分，本书计算的总电声耦合强度达到了 0.69，这就表明 XeH-I/mmm 的电子与声子之间的耦合作用是比较强的。另外，通过声子谱计算了声子频率的对数平均值为 479K。为了估算它的超导转变温度（T_c），还需要知道的参数是赝库伦排斥势 μ^* 的大小。由于该参数的理论计算非常困难，一般采用经验性的参数值，比如对于氢化物，μ^* 一般取为 0.1~0.13 比较合适。在此，本书采用中间值 $\mu^* = 0.12$，再利用 Allen-Dynes 修正后的 McMillan 方程[43]，计算得到 XeH-I/mmm 在 300GPa 的超导转变温度约为 13K，另外我们也计算了 XeH-I/mmm 在 100GPa 和 200GPa 下的相关参数。结果表明，它在低压下的电声耦合相互作用更强。比如在 100GPa 时积分 $\lambda(\omega)$ 得到的值为 1.04，在 200GPa 时为 0.79。选用相同的赝库伦排斥势，最终得到的超导转变温度 T_c 分别为 29K 和 16K。图 4.20（a）的插图中给出了 XeH-I/mmm 的超导转变温度随压强的变化关系。

由于计算的 XeH_2-$Cmcm$ 的金属化压强较高，本书研究了它在 400GPa、500GPa 和 600GPa 的超导电性。在图 4.20（b）中，给出了 XeH_2-$Cmcm$ 在 400GPa 下的电子声子耦合强度 λ 随振动频率 ω 的变化关系 $\lambda(\omega)$ 及 Eliashberg 声子谱函数 $\alpha^2 F(\omega)$。由图可知，XeH_2-$Cmcm$ 的电声耦合相互作用可分为 3 个部分：低频的 Xe 的平移振动贡献了 40%；中频的 Xe-H 共振部分贡献了 53.5%；而高频的"H_2"的内部振动只贡献了剩余部分的 6.5%。这就表明 XeH_2-$Cmcm$ 与 XeH-I/mmm 具有不同的电声耦合机制。通过同样的方法，我们得到 XeH_2-

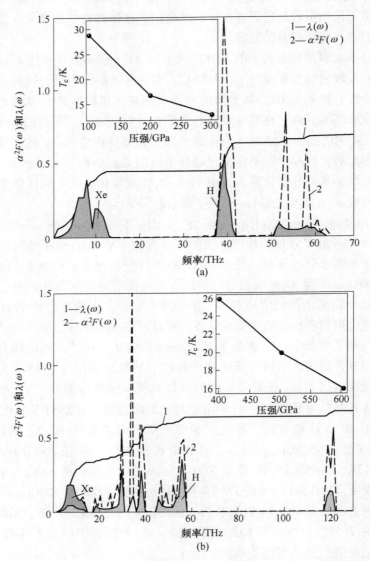

图 4.20   XeH-*I/mmm* （a）在 300GPa 和 XeH₂-*Cmcm* （b）在 400GPa 的电子声子
耦合强度函数 $\lambda(\omega)$ 及 Eliashberg 声子谱函数 $\alpha^2 F(\omega)$ 随声子频率 ω 的变化关系
（各自的插图表示超导转变温度随压强的变化关系）

Cmcm 在 400GPa、500GPa 和 600GPa 的电声耦合强度参数分别为 0.69、0.62 和
0.56。采用相同的赝库仑排斥势后计算得到的超导转变温度分别为 26K、20K 和
10K。其超导转变温度随压强的变化关系也呈现在 4.20 （b）的插图中。

4.4 本章小结

本章通过 CALYPSO 结构预测方法系统地研究了 Xe-H 化合物 $XeH_n(n=1\sim8)$ 在高压下的稳定性。结果表明，Xe-H 最稳定的比例为 XeH_2 和 XeH_4，其他比例都能在一定的压强下形成亚稳态。成键分析表明，压强诱导的 Xe 到 H 的电荷转移导致了它们在高压很强的 Xe-H 键相互作用。通过电子性质分析，我们发现在 300GPa 以下，只有 XeH 和 XeH_2 实现了金属化。对于金属态的 XeH 和 XeH_2，分别计算了它们在不同压强下的超导电性，结果发现 XeH 和 XeH_2 存在较高的超导温度。由于 Xe-H 化合物是一类新型氢化物，其较高的超导转变温度可能为超导材料的研究开辟新的途径。

参 考 文 献

[1] Grochala W. Atypical compounds of gases, which have been called "noble" [J]. Chemical Society Reviews, 2007 (36): 1632~1655.

[2] Pauling L. The formulas of antimonic acid and the antimonates [J]. Journal of the American Chemical Society, 1933 (55): 1895~1900.

[3] Bartlett N. Xenon hexafluoroplatinate (Ⅴ) $Xe^+[PtF_6]^-$ [J]. Proc. Chem. Soc, 1962 (6): 197~236.

[4] Holloway J H, Holloway J N. Noble-gas chemistry [J]. Methuen London, 1968.

[5] Ferreira R. The Relative stabilities of noble gas compounds [J]. Inorganic Chemistry, 1964 (3): 1803~1804.

[6] Christe K O. A renaissance in noble gas chemistry [J]. Angewandte Chemie International Edition, 2001 (40): 1419~1421.

[7] Haner J, Schrobilgen G J. The chemistry of xenon (Ⅳ) [J]. Chemical Reviews, 2015 (115): 1255~1295.

[8] Pyykkö P. Strong closed-shell interactions in inorganic chemistry [J]. Chemical Reviews, 1997 (97): 597~636.

[9] Pettersson M, Lundell J, Räsänen M. New rare-gas-containing neutral molecules [J]. European Journal of Inorganic Chemistry, 1999 (1999): 729~737.

[10] Wells J, Weitz E. Rare gas-metal carbonyl complexes: Bonding of rare gas atoms to the Group VIB pentacarbonyls [J]. Journal of the American Chemical Society, 1992 (114): 2783~2787.

[11] Tavčar G, Žemva B. XeF_4 as a ligand for a metal ion [J]. Angewandte Chemie International Edition,2009 (48): 1432~1434.

[12] Seidel S, Seppelt K. Xenon as a complex ligand: The tetra xenono gold (Ⅱ) cation in $AuXe_4^{2+}$ $(Sb_2F_{11}^-)_2$ [J]. Science, 2000 (290): 117~118.

[13] Roithová J, Schröder D. Silicon compounds of neon and argon [J]. Angewandte Chemie International Edition, 2009 (48): 8788~8790.

[14] Kim M, Debessai M, Yoo C S. Two-and three-dimensional extended solids and metallization of compressed XeF$_2$ [J]. Nature Chemistry, 2010 (2): 784~788.

[15] Khriachtchev L, Tanskanen H, Lundell J, et al. Fluorine-free organoxenon chemistry: HXeCCH, HXeCC, and HXeCCXeH [J]. Journal of the American Chemical Society, 2003 (125): 4696~4697.

[16] Khriachtchev L, Räsänen M, Gerber R B. Noble-gas hydrides: New chemistry at low temperatures [J]. Accounts of Chemical Research, 2008 (42): 183~191.

[17] Khriachtchev L, Pettersson M, Lundell J, et al. A neutral xenon-containing radical, HXeO [J]. Journal of the American Chemical Society, 2003 (125): 1454~1455.

[18] Khriachtchev L, Lignell A, Juselius J, et al. Infrared absorption spectrum of matrix-isolated noble-gas hydride molecules: Fingerprints of specific interactions and hindered rotation [J]. Journal of Chemical Physics, 2005 (122): 14510.

[19] Khriachtchev L, Isokoski K, Cohen A, et al. A small neutral molecule with two noble-gas atoms: HXeOXeH [J]. Journal of the American Chemical Society, 2008 (130): 6114~6118.

[20] Jiménez-Halla C Ó C, Fernández I, Frenking G. Is it possible to synthesize a neutral noble gas compound containing a Ng-Ng bond? A theoretical study of HNg-NgF (Ng= Ar、Kr、Xe) [J]. Angewandte Chemie International Edition, 2009 (48): 366~369.

[21] Fernández I, Frenking G. Neutral noble gas compounds exhibiting a Xe-Xe bond: Structure, stability and bonding situation [J]. Physical Chemistry Chemical Physics, 2012 (14): 14869~14877.

[22] Evans C J, Lesarri A, Gerry M C. Noble gas-metal chemical bonds. Microwave spectra, geometries, and nuclear quadrupole coupling constants of Ar-AuCl and Kr-AuCl [J]. Journal of the American Chemical Society, 2000 (122): 6100~6105.

[23] Brown E C, Cohen A, Gerber R B. Prediction of a linear polymer made of xenon and carbon [J]. The Journal of Chemical Physics, 2005 (122): 171101.

[24] Avramopoulos A, Serrano-Andrés L, Li J, et al. On the electronic structure of H—Ng—Ng—F (Ng= Ar、Kr、Xe) and the nonlinear optical properties of HXe$_2$F [J]. Journal of Chemical Theory and Computation, 2010 (6): 3365~3372.

[25] Kim M, Debessai M, Yoo C S. Two-and three-dimensional extended solids and metallization of compressed XeF$_2$ [J]. Nature Chemistry, 2010 (2): 784~788.

[26] Zhu Q, Jung D Y, Oganov A R, et al. Stability of xenon oxides at high pressures [J]. Nature Chemistry, 2013 (5): 61~65.

[27] Brock D S, Schrobilgen G J. Synthesis of the missing oxide of xenon, XeO$_2$, and its implications for Earth's missing xenon [J]. Journal of the American Chemical Society, 2011 (133): 6265~6269.

[28] Hermann A, Schwerdtfeger P. Xenon suboxides stable under pressure [J]. The Journal of Physical Chemistry Letters, 2014 (5): 4336~4342.

[29] Zhu L, Liu H, Pickard C J, et al. Reactions of xenon with iron and nickel are predicted in the Earth's inner core [J]. Nature Chemistry, 2014 (6): 644~648.

[30] Sanloup C, Mao Hk H K, Hemley R J. High pressure transformations in xenon hydrates [J]. Proceedings of the National Academy of Sciences of the United States of America, 2002 (99): 25~28.

[31] Weck G, Dewaele A, Loubeyre P. Oxygen/noble gas binary phase diagrams at 296K and high pressures [J]. Physical Review B, 2010 (82): 014112.

[32] Loubeyre P, Jean-Louis M, LeToullec R, et al. High pressure measurements of the He-Ne binary phase diagram at 296K: Evidence for the stability of a stoichiometric $Ne(He)_2$ solid [J]. Physical Review Letters, 1993 (70): 178~181.

[33] Yao Y, Klug D D. High-pressure phase transition and metallization in $Ar(H_2)_2$ [J]. Physical Review B, 2011 (83): 020105.

[34] Somayazulu M, Dera P, Goncharov A F, et al. Pressure-induced bonding and compound formation in xenon-hydrogen solids [J]. Nature Chemistry, 2009 (2): 50~53.

[35] Yan X, Chen Y, Kuang X, et al. Structure, stability and superconductivity of new Xe-H compounds under high pressure [J]. Journal of Chemical Physics, 2015 (143): 124310.

[36] Somayazulu M, Dera P, Smith J, et al. Structure and stability of solid $Xe(H_2)_n$ [J]. Journal of Chemical Physics, 2015 (142): 104503.

[37] Kaewmaraya T, Kim D Y, Lebegue S, et al. Theoretical investigation of xenon-hydrogen solids under pressure using ab initio DFT and GW calculations [J]. Physical Review B, 2011 (84): 092101.

[38] Wang Y, Lv J, Zhu L, et al. CALYPSO: A method for crystal structure prediction [J]. Computer Physics Communications, 2012 (183): 2063~2070.

[39] Wang Y, Lv J, Zhu L, et al. Crystal structure prediction via particle-swarm optimization [J]. Physical Review B, 2010 (82): 094116.

[40] Kresse G, Furthmüller J. Efficient iterative schemes for ab initio total-energy calculations using a plane-wave basis set [J]. Physical Review B, 1996 (54): 11169.

[41] Perdew J P, Burke K, Ernzerhof M. Generalized gradient approximation made simple [J]. Physical Review Letters, 1996 (77): 3865.

[42] Togo A, Oba F, Tanaka I. First-principles calculations of the ferroelastic transition between rutile-type and $CaCl_2$-type SiO_2 at high pressures [J]. Physical Review B, 2008 (78): 134106.

[43] Allen P B, Dynes R C. Transition temperature of strong-coupled superconductors reanalyzed [J]. Physical Review B, 1975 (12): 905~922.

[44] Scandolo S, Giannozzi P, Cavazzoni C, et al. First-principles codes for computational crystallography in the Quantum-ESPRESSO package [J]. Zeitschrift Fur Kristallographie, 2005

(220): 574~579.

[45] Goncharov A F, Howie R T, Gregoryanz E. Hydrogen at extreme pressures (Review Article) [J]. Low Temperature Physics, 2013 (39): 402~408.

[46] Jephcoat A P, Mao H K, Finger L W, et al. Pressure-induced structural phase transitions in solid xenon [J]. Physical Review Letters, 1987 (59): 2670~2673.

[47] Cynn H, Yoo C S, Baer B, et al. Martensitic fcc-to-hcp transformation observed in xenon at high pressure [J]. Physical Review Letters, 2001 (86): 4552~4555.

[48] Caldwell W A, Nguyen J H, Pfrommer B G, et al. Structure, bonding and geochemistry of xenon at high pressures [J]. Science, 1997 (277): 930~933.

[49] Strobel T A, Somayazulu M, Hemley R J. Novel pressure-induced interactions in silane-hydrogen [J]. Physical Review Letters, 2009 (103): 065701.

[50] Bader R F. Atoms in molecules [M]. Wiley Online Library, 1990.

[51] Hay P J, Martin R L, Uddin J, et al. Theoretical study of CeO_2 and Ce_2O_3 using a screened hybrid density functional [J]. The Journal of Chemical Physics, 2006 (125): 034712.

[52] Ashcroft N W. Hydrogen dominant metallic alloys: High temperature superconductors? [J]. Physical Review Letters, 2004 (92): 187002.

[53] Kim D Y, Scheicher R H, Mao H K, et al. General trend for pressurized superconducting hydrogen-dense materials [J]. Proceedings of the National Academy of Sciences of the United States of America, 2010 (107): 2793~2796.

5　高压下 Xe 和 Cs 的化学反应

5.1　概述

根据第 3 章和第 4 章的讨论，我们知道，由于 Xe 的最外层电子结构为闭壳层的 $5s^2 5p^6$，要使其参与化学反应，就必须迫使其打开本已填满的 $5p$ 壳层，使其类似 $5p$ 价态类型的元素。一个有效的途径就是在高压条件下使其与电负性强的元素结合，从而将 Xe 原子的部分 $5p$ 电子转移到吸引电子能力更强的电负性原子上。这种机制在我们预测的 Xe-S 和 Xe-H 化合物及之前报道的 Xe-F、Xe-O、Xe-N 化合物中都得到了理论证明[1~4]。

既然使 Xe 失去电子能将其 $5p$ 轨道打开而使其化学性质由惰性转变为活泼，那么反过来，如果让 Xe 得到电子，使电子占据更高的轨道如 $6s$、$5d$ 或 $4f$ 等，其化学性质是否也将变得非常活泼？为了验证这个设想，就必须让 Xe 与失电子能力较强的元素（如金属元素）结合。因此选取元素周期表中金属性最强的元素 Cs（放射性的 Fn 除外）作为研究对象。有必要指出的是，在最近的一篇文献中也报道了相关的反应[5]。然而，其中关于 Xe 和 Cs 反应的物理化学机制的研究仍然欠缺。

5.2　计算方法

不同压强下 $Cs_m Xe_n$（m，$n = 1 \sim 6$）的结构搜索模拟是通过基于粒子群优化算法的晶体结构预测程序 CALYPSO 来实现的[6]。结构搜索时，每个模拟晶胞含有 1~4 个分子单元，每一代搜索产生 30~40 个结构。结构优化是通过 VASP 程序包[7]，利用 PBE 方法[8] 来展开的。选取的赝势以 Xe 的 $5s^2 5p^6$ 和 Cs 的 $5s^2 5p^6 6s^1$ 作为价电子来处理。各个结构的声子谱是利用超胞法，通过 phonopy[9] 来计算的。

5.3　结果与讨论

5.3.1　高压条件下 $Cs_m Xe_n$（m，$n = 1 \sim 6$）的晶体结构预测

通过大量的结构搜索计算，我们得到了 $Cs_m Xe_n$（m，$n = 1 \sim 6$）在温度为 0K，压强为 30GPa、50GPa、100GPa 和 200GPa 时最稳定的结构。为了研究它们的化学稳定性（相对于单质 Xe 和 Cs），我们计算了相应结构的形成焓，结果总结在

图 5.1 中。在图 5.1 中，横坐标 X 表示 Cs 原子个数占 Cs_mXe_n 总原子数的百分比。纵坐标表示相应比例的形成焓。实线表示 convex hull，处于 convex hull 上的空心标记对应不同比例的稳定相（相对于 Xe 和 Cs），虚线相连的空心标记是亚稳定相或不稳定相，亚稳定相是指 Xe 与 Cs 可以反应形成该相，然而，它可能将分解成相邻的稳定相（依赖于势垒的高度）。由图可知，在 30GPa 左右，Cs_mXe_n 开始出现热力学稳定的比例：$CsXe_3$。随着压力的增大，稳定的比例逐渐增多。我们的结果与文献 [5] 中报道的大体一致。然而，文献 [5] 中并没有研究 $CsXe_5$、Cs_5Xe、$CsXe_6$ 和 Cs_6Xe 的稳定性。我们的研究表明，相对于 $CsXe_6$，$CsXe_4$ 在所有计算的压力下都是亚稳态，其很容易发生化学反应：$3CsXe_4 \rightarrow CsXe_6 + 2CsXe_3$。

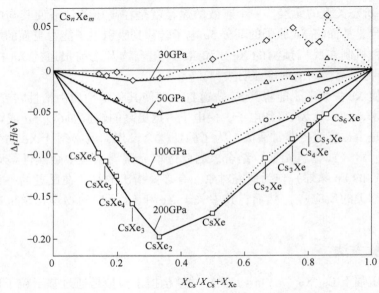

图 5.1　Cs_mXe_n（m, n = 1~6）体系的热力学稳定性

整体看来，Cs_mXe_n 更倾向于形成富 Xe 的化合物。如图 5.1 所示，在 30GPa 时，富 Xe 化合物的形成焓全部为负值，而富 Cs 化合物的形成焓全部为正值。表明在此压力下富 Xe 化合物更稳定。当压力大于 50GPa 时，可以发现，所有预测的富 Xe 化合物或者处在 Convex hull 上，或者非常接近 Convex hull，表明它们或者是稳定的，或者是趋近于稳定的亚稳态。相比而言，在所有考虑的压力范围内，富 Cs 化合物的形成焓要略高于 Convex hull。当然也存在两个意外情况：100GPa 稳定的 Cs_3Xe 和 200GPa 稳定的 Cs_6Xe。但是，仔细观察我们发现，随着压强的增大，富 Cs 化合物的形成焓都在逐渐趋近 Convex hull。暗示着可能在略高于 200GPa 的某个压强下它们都将变成稳定。

5.3.2 CsXe 的稳定性、成键机制及电子性质

CsXe 在压强达到 50GPa 时开始变得稳定。在 50GPa 和 100GPa 时，我们预测得到的 CsXe 最稳定的结构为四方结构，其空间群为 $I4_1/amd$（见图 5.2），每个晶胞中含有 4 个分子式。在 100GPa 时，其晶格参数为 $a = 0.416$nm，$b = c = 0.527$nm。当压强为 200GPa 时，我们预测的焓最低的结构为 CsI 型的结构，其空间群为 $Pm\text{-}3m$。此时晶格参数变为 $a = b = c = 0.312$nm。这就表明 CsXe 在该压强区间内将发生结构相变。通过计算这两个结构的焓差随压强的变化关系，如图 5.2 所示，我们发现，其相变压强约为 122GPa。

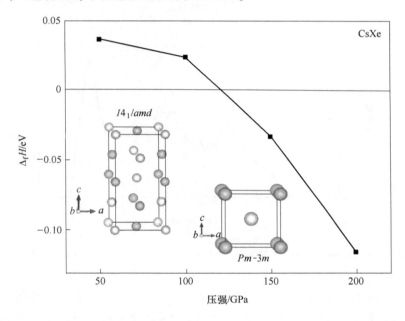

图 5.2　CsXe 的 $Pm\text{-}3m$ 结构相对于 $I4_1/amd$ 结构的焓变随压强的变化关系
（插图给出这两个结构的晶胞结构）

为了检验 CsXe 的动力学稳定性，计算了 CsXe-$I4_1/amd$ 和 CsXe-$Pm\text{-}3m$ 分别在 100GPa 和 200GPa 的声子态密度。图 5.3 所示为它们各自的声子态密度。由图可以发现，它们都没有出现虚频，表明它们都是动力学稳定的。并且在这两个结构中，都存在一个明显特征，即 Xe 原子的振动模式非常类似于 Cs 原子，这是因为这两个原子的质量非常接近，因此表现出相似的动力学性质。然而仔细观察 CsXe-$Pm\text{-}3m$ 的声子谱可以发现，在频率范围为 6~10THz 时，Xe 原子在 9THz 处出现一个振动峰，而 Cs 原子在 7THz 处出现振动峰。这种差异可能源于压强导致的原子间的相互作用的改变。

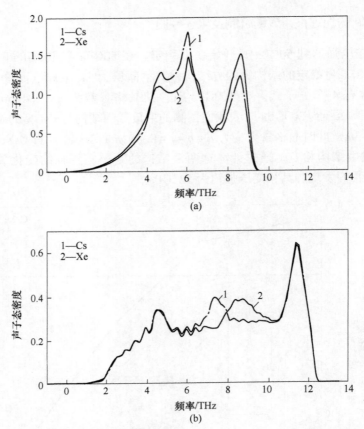

图 5.3　CsXe-$I4_1/amd$（a）在 100GPa 和 CsXe-Pm-$3m$（b）在 200GPa 下的声子态密度

　　由 Convex hull 相图（见图 5.1）可知，Cs$_m$Xe$_n$（m，n=1~6）倾向于形成富 Xe 化合物。根据 Cs 原子的最外层电子结构，Cs 原子一般会贡献出一个 6s 电子。而对于富 Xe 化合物，比如 CsXe$_6$，就意味着，6 个 Xe 原子可能共享 Cs 原子失去的一个电子，每个 Xe 原子得到的电子数极其有限。这个分析似乎从侧面反映了一个这样的事实：在能量上比 Xe 5p 轨道更高的空轨道如 6s 或 5d 等不倾向于有太多的电子占据。为了检验这个观点的正确性，对 CsXe 在低压和高压下的两种结构进行了成键分析。

　　首先我们通过 Bader 电荷分析方法[10]计算了 CsXe-$I4_1/amd$ 和 CsXe-Pm-$3m$ 分别在 100GPa 和 200GPa 的电荷转移情况。在 100GPa 时，我们发现 CsXe-$I4_1/amd$ 中每个 Xe 原子所带的静电荷量约为 0.23e。根据这个信息，首先我们可以肯定的是，Xe 原子不仅可以通过失去电子打开其 5p 轨道外，确实还可以通过得到电子占据空轨道的方法来参与化学反应和化学成键。在 200GPa 时，CsXe-Pm-$3m$

中每个 Xe 原子所带的静电荷量约为 0.12e。根据上述稳定性分析我们得知 200GPa 时 CsXe-*Pm-3m* 比 CsXe-*I4₁/amd* 更稳定。显然，其结构的稳定性并不取决于 Xe 原子得到的电荷的多少来决定。这就解释了为什么 $Cs_mXe_n(m, n = 1\sim6)$ 倾向于形成富 Xe 化合物。简而言之，如果 Cs_mXe_n 中作为电子供体的 Cs 原子所占的比例太高，则会导致自由电子溶度太高，进而不利于化合物的稳定。

为了进一步确定产生这种现象的原因，本书计算了 CsXe-*Pm-3m* 在 200GPa 下的电荷差分密度图，结果如图 5.4 所示。由图可以看到，Cs 原子周围的电荷分布减少了，揭示了 Cs 原子的电荷转移现象。另外研究发现，Cs 原子与近邻的 Cs 原子之间既然存在很强的 p 轨道与 p 轨道的杂化作用。这种杂化导致了 Cs-Cs 之间形成强的共价键作用。在 200GPa 时，CsXe-*Pm-3m* 中最近邻的 Cs-Cs 距离为 0.313nm，这个距离要小于 2 倍的 Cs 原子的共价键半径。由于高度挤压，相邻 Cs 原子的 $5p$ 轨道发生重叠，从而形成杂化。如此一来，我们便知道了为什么 CsXe 中 Cs 原子与 Xe 原子之间只有少量的电荷转移，因为 Cs 原子的大部分电荷被用于与其相邻 Cs 原子杂化形成共价键了。

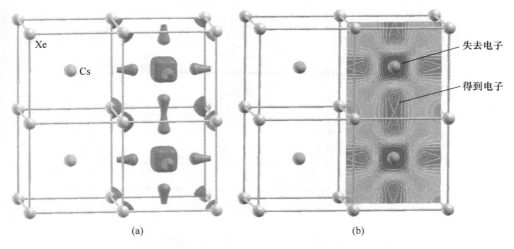

图 5.4　CsXe-*Pm-3m* 在 200GPa 的电荷差分密度图

(a) 三维的轮廓图；(b)（002）晶面的截面图

在人们通常的化学直觉看来，Cs 原子 $5p$ 轨道是内层电子，一般情况不参与成键。因此，这种 Cs 原子的内层电子成键的现象并不多见。就在最近，有文献报道了在 Cs-F 化合物中，也存在着类似的 Cs 原子 $5p$ 轨道参与成键的现象[11]。我们的发现将为这种新的化学成键机制带来新的理论证据，具有重要的意义。

另外，图 5.5 和图 5.6 分别给出了 CsXe-*I4₁/amd* 和 CsXe-*Pm-3m* 在 100GPa 和 200GPa 的态密度图。CsXe-*I4₁/amd* 的价带可清晰地分为 3 个部分。能量最低

（-27～-18eV）的能带，来自 Cs 原子和 Xe 原子的 s 轨道的贡献；能量在-16～-4eV的能带，主要为 Cs 和 Xe 原子的 p 轨道的贡献，并且可以看到，它们之间存在一定的杂化。靠近费米能级的价带为 Cs 原子和 Xe 原子的 d 电子的占据态。这部分电子占据了 d 轨道，从而改变了费米能级的位置，将其移动到具有很大态密度值的能量处，并使 CsXe-$I4_1/amd$ 呈现金属特性。进一步观察，我们发现 Cs 原子和 Xe 原子的 d 轨道只有少量的电子占据，而大部分是未占据态。这就表明，Xe 与 Cs 结合后，确实能够使 Xe 原子得到电子，并让其占据到更高的 $5d$ 轨道，从而使 Xe 化学性质变得活泼。

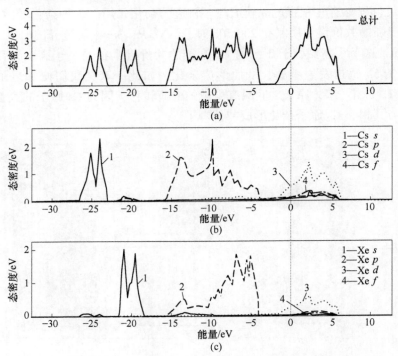

图 5.5　CsXe-$I4_1/amd$ 在 100GPa 的态密度图

（竖直虚线表示费米能级）

对于 CsXe-Pm-$3m$，由图 5.6 可知，其态密度分布在费米能级以下的部分与 CsXe-$I4_1/amd$ 非常类似。然而在费米能级附近，其差别却比较大。首先可以看到，Cs 原子的 $5d$ 轨道的占据数变大，而 Xe 的 $5d$ 轨道的占据数变小，表明 Xe 得到的电子在压力增大时反而变少。这与前文 Bader 电荷分析得到的结果一致。其次，我们发现尽管 CsXe-Pm-$3m$ 也显金属性，但它的金属化机制是由于来自 Xe $5p$ 轨道的价带与 Xe $5d$ 的导带以及 Cs $5p$ 轨道的价带与 Cs $5d$ 的导带的重叠导致的，这与 CsXe-$I4_1/amd$ 不同。

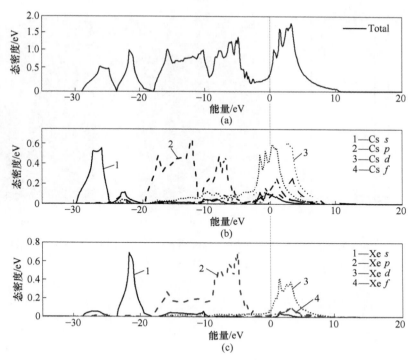

图 5.6　CsXe-*Pm-3m* 在 200GPa 的态密度图

（竖直虚线表示费米能级）

5.3.3　CsXe$_2$ 的稳定性、成键机制及电子性质

CsXe$_2$ 在压力约为 32GPa 时开始变得稳定，当压强高于 50GPa 时，它将成为所有 Cs$_m$Xe$_n$（m，n=1~6）中最稳定的一个比例（见图 5.1）。我们预测得到的 CsXe$_2$ 最稳定的结构也是一个四方结构，其空间群为 *I4/mmm*，如图 5.7（a）所示。当压强逐渐增大到 200GPa 时，我们预测得到的能量最低的结构都是这个四方结构，表明压强并没有使它发生结构相变。在 200GPa 时，其晶格参数为 a=b=0. 509nm，c=0. 317nm。图 5.8 给出了它在 200GPa 下的声子态密度图，可以看到，没有任何虚频出现，证明了 CsXe$_2$-*I4/mmm* 的动力学稳定性。

为了研究 CsXe$_2$-*I4/mmm* 的成键机制，我们计算了它在 200GPa 下的电荷差分密度图。图 5.7（b）和（c）分别给出了（020）和（010）晶面的电荷差分密度截面图。从图 5.7（b）图可以清晰地看到，Cs 原子和 Cs 原子之间也存在明显的 *p-p* 杂化现象。但是相对而言，其杂化程度要比 CsXe 弱。除此以外，我们还可看到在相邻的 Xe 原子和 Cs 原子之间也存在较强的 *p-p* 杂化作用，表明 Xe 原子和 Cs 原子之间的共价键作用。另外，Xe 原子和 Xe 原子之间的 *p-p* 杂化在图

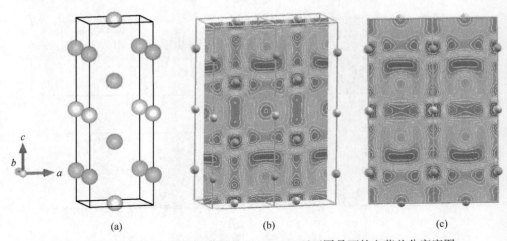

图 5.7　CsXe₂-*I4/mmm* 的晶体结构和 200GPa 下不同晶面的电荷差分密度图

（a）CsXe₂ 晶体结构；（b）（020）晶面；（c）（010）晶面

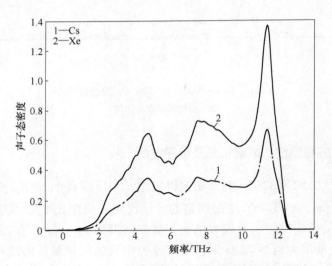

图 5.8　CsXe₂-*I4/mmm* 在 200GPa 声子态密度图

5.7（c）中也是清晰可见的，而且其杂化强度强于前两者。这是因为，CsXe₂ 中的 Xe 原子个数比 CsXe 多，而每个 Xe 原子所得到的电子就更少，从而离子性就更弱，共价性增强。并且，Bader 电荷分析也证实了这点。在 100GPa 时，我们所计算的每个 Xe 原子所携带的静电荷为 -0.14e，在 200GPa 是时，降低为 0.10e。尽管如此，相对于 CsXe，CsXe₂ 的成键性质大同小异。图 5.9 给出了 CsXe₂-*I4/mmm* 在 200GPa 时的电子态密度图。可以看到，CsXe₂ 也表现出金属特性。其分波态密度的分布与 CsXe 非常相似。Cs 原子和 Xe 原子的 5*d* 轨道有少量电子占据，从而导致其金属特性。

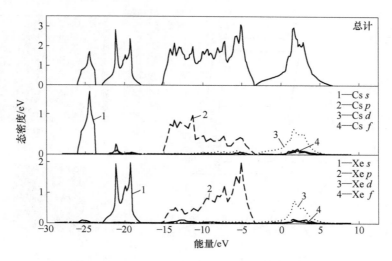

图 5.9　CsXe$_2$-$I4/mmm$ 在 200GPa 电子态密度图

5.3.4　其他 Xe-Cs 化合物的稳定性、成键机制及电子性质

CsXe$_3$ 在压强约为 30GPa 时开始稳定，并且在这个压强下，它是所有 Cs$_m$Xe$_n$（m，n=1~6）中唯一一个热力学稳定的比例。由 convex hull 图可知，在压强增加到 50GPa 以上时，CsXe$_3$ 不再是最稳定的比例，并且随着压强的增大，其稳定性逐渐减弱，从它在 convex hull 图上的变化趋势来看，CsXe$_3$ 可能在大于 200GPa 的某个压强下变成一个亚稳态。CsXe$_3$ 形成空间群为 $Pnmm$ 的正交结构，每个晶胞中含有 8 个原子，其结构图如图 5.10（a）所示，在 200GPa 时，其晶格参数为 $a = b = 0.444$nm，$c = 0.626$nm。

CsXe$_6$ 在压强约为 100GPa 时开始稳定。在 100GPa 时，预测的能量最低的结构为一个单斜结构，空间群为 $P1$，每个晶胞中含有 14 个原子，晶格参数为 $a = 0.572$nm，$b = 0.718$nm，$c = 0.775$nm。在 200GPa 时，其最稳定的结构变为空间群为 $P2_1$ 的单斜结构，每个晶胞中也含有 14 个原子，晶格参数为 $a = 0.738$nm，$b = 0.458$nm，$c = 0.736$nm。通过计算 CsXe$_6$-$P1$ 和 CsXe$_6$-$P2_1$ 的焓随压强的变化曲线（见图 5.11），发现 CsXe$_6$-$P1$ 到 CsXe$_6$-$P2_1$ 的结构相变发生在 110GPa 左右（这两个晶体结构图见图 5.10（d）和（e））。

Cs$_m$Xe$_n$（m，n=1~6）中所有的富 Cs 化合物在压强低于 200GPa 时的形成焓都位于相应压强 convex hull 的上方。只有压强达到 200GPa 时才出现一个稳定相 Cs$_6$Xe，其稳定的晶体结构如图 5.10（b）所示，是一个空间群为 R-3 的三斜

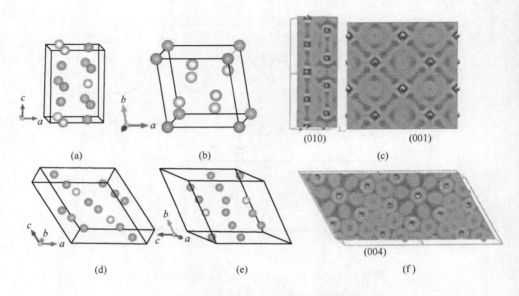

图 5.10　晶体结构图和差分电荷密度图

（a）CsXe$_3$-*Pnmm* 的晶体结构图；（b）Cs$_6$Xe-*R*-3 的晶体结构图；

（c）CsXe$_3$-*Pnmm* 在（010）和（001）晶面的差分电荷密度图；（d）CsXe$_6$-*P*1 的晶体结构图；

（e）CsXe$_6$-*P*2$_1$ 的晶体结构图；（f）CsXe$_6$-*P*2$_1$ 的差分电荷密度图

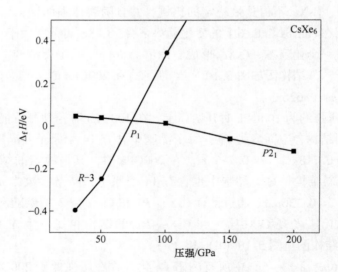

图 5.11　CsXe$_6$-*R*-3 和 CsXe$_6$-*P*2$_1$ 下

对于 CsXe$_6$-*P*1 的焓差随压强的变化

结构。

为了检验这几个比例的动力学稳定性，分别计算了它们的声子谱。结果表明它们都没有出现虚频，揭示了它们的动力学稳定性，相应的结果如图 5.12 所示。

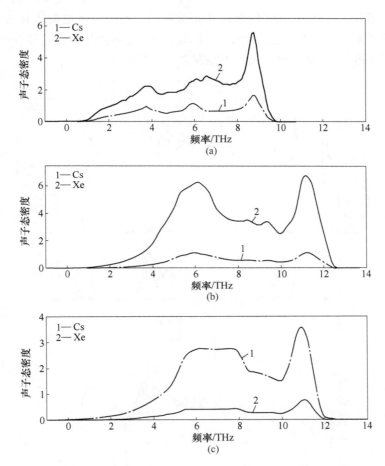

图 5.12　$CsXe_3$-$Pnmm$ 在 100GPa 的声子态密度图以及
$CsXe_6$-$P2_1$ 和 Cs_6Xe-R-3 在 200GPa 的声子态密度图

（a）$CsXe_3$-$Pnmm$，100GPa；（b）$CsXe_6$-$P2_1$，200GPa；（c）Cs_6Xe-R-3，200GPa

通过成键分析及电子结构分析发现，这几个比例的 Cs-Xe 化合物与 CsXe 和 $CsXe_2$ 非常类似。图 5.10（c）和（f）所示为 $CsXe_3$-$Pnmm$ 和 $CsXe_6$-$P2_1$ 在 200GPa 下相应晶面的差分电荷密度图。图 5.13 给出了 $CsXe_3$-$Pnmm$ 在 100GPa 的电子态密度图以及 $CsXe_6$-$P2_1$ 和 Cs_6Xe-R-3 在 200GPa 的电子态密度图。可以看到它们呈现出与 CsXe 和 $CsXe_2$ 相似的特征（见 5.3.2 节）。

5.3.5　Al-Xe 化合物的稳定性

　　为了进一步探索 Xe 和金属的反应，本节研究了 $AlXe_n(n=1\sim4)$ 在高压下的稳定性，其结果如图 5.14 所示。由图 5.14 可以看到，直到 300GPa，都没有出现稳定的结构。这是因为 Al 的金属性相对较弱，不足以将电荷转移给 Xe 原子，当然更不可能从 Xe 原子上得到电子。因此跟 Al 的结合并不能打开 Xe 原子的 $5p$ 轨道也不能占据其 $5d$ 轨道，因而不能发生化学发应。

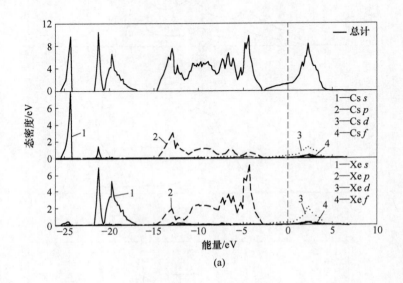

(a)

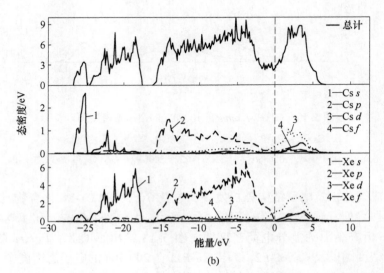

(b)

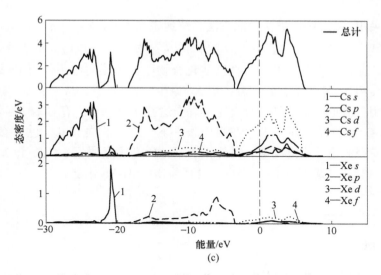

图 5.13　CsXe$_3$-*Pnmm* 在 100GPa 的电子态密度图以及
CsXe$_6$-*P*2$_1$ 和 Cs$_6$Xe-*R*-3 在 200GPa 的电子态密度

（a）CsXe$_3$-*Pnmm*，100GPa；（b）CsXe$_6$-*P*2$_1$，200GPa；（c）Cs$_6$Xe-*R*-3，200GPa

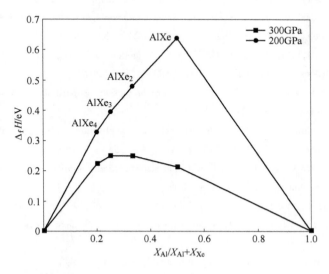

图 5.14　AlXe$_n$（n=1~4）体系的热力学稳定性

（横坐标 X 表示 Al 原子个数占 AlXe$_n$ 总原子数的百分比；纵坐标表示相应比例的形成焓）

5.4 本章小结

本章采用 CALYPSO 结构预测方法系统地研究了 Cs_mXe_n（m, $n=1\sim6$）化合物的稳定性，结果表明，Xe 和 Cs 在 30GPa 左右就能发生反应并形成一系列稳定的化合物。通过成键分析发现，在这些化合物中，高压的作用使得 Cs 原子的少量电荷转移到 Xe 原子上，并部分占据 Xe 原子的 $5d$ 轨道，从而实现 Cs 与 Xe 的离子键作用。值得注意的是，研究还发现在这些化合物中，存在着 p-p 轨道杂化导致的 Cs-Cs 共价键作用。表明在高压条件下，原子的内层电子也可参与成键，这是一种新型的化学成键现象。另外，本章也研究了金属铝（Al）和 Xe 在高压下的反应。但是直到 300GPa，都没有发现稳定的 Al-Xe 化合物。

参 考 文 献

[1] Zhu Q, Jung D Y, Oganov A R, et al. Stability of xenon oxides at high pressures [J]. Nature Chemistry, 2013 (5)：61~65.

[2] Peng F, Wang Y, Wang H, et al. Stable xenon nitride at high pressures [J]. Physical Review B, 2015 (92)：094104.

[3] Yan X, Chen Y, Kuang X, et al. Structure, stability, and superconductivity of new Xe-H compounds under high pressure [J]. Journal of Chemical Physics, 2015 (143)：124310.

[4] Kim M, Debessai M, Yoo C S. Two-and three-dimensional extended solids and metallization of compressed XeF_2 [J]. Nature Chemistry, 2010 (2)：784~788.

[5] Wang Y, Lv J, Zhu L, et al. CALYPSO：A method for crystal structure prediction [J]. Computer Physics Communications, 2012 (183)：2063~2070.

[6] Wang Y, Lv J, Zhu L, et al. Crystal structure prediction via particle-swarm optimization [J]. Physical Review B, 2010 (82)：094116.

[7] Kresse G, Furthmüller J. Efficient iterative schemes for ab initio total-energy calculations using a plane-wave basis set [J]. Physical Review B, 1996 (54)：11169.

[8] Perdew J P, Burke K, Ernzerhof M. Generalized gradient approximation made simple [J]. Physical Review Letters, 1996 (77)：3865.

[9] Togo A, Oba F, Tanaka I. First-principles calculations of the ferroelastic transition between rutile-type and $CaCl_2$-type SiO_2 at high-pressures [J]. Physical Review B, 2008 (78)：134106.

[10] Bader R F. Atoms in molecules [M]. Wiley Online Library, 1990.

[11] Miao M S. Caesium in high oxidation states and as a p-block element [J]. Nature Chemistry, 2013 (5)：846~852.

6 高压下 Xe 和 Ar 的化学反应

6.1 引言

稀有气体原子具有稳定的外层电子结构（除氦为 $1s^2$ 外，其余都是八电子构型，即 ns^2np^6）和很高的电离势。在一般情况下，它们很难得到或失去电子而形成化学键。表现出化学性质很不活泼，不仅很难与其他元素化合，而且自身也是以单原子分子的形式存在，原子之间仅存在着微弱的范德华力（主要是色散力），因此，稀有气体曾经一度被人们认为是不能发生化学反应的"惰性气体"。并且这种绝对的观念束缚了人们的思想，阻碍了对稀有气体化合物的研究。

然而，这一绝对的观念在 1933 年被 Pauling 提出怀疑[1]。Pauling 根据离子半径的计算预言重稀有气体如氙和氪能够与其他原子结合形成化合物，并且这个预言在 1962 年被 Bartlett 证实[2]。Bartlett 利用强氧化剂 PtF_6 与 Xe 反应制得了第一种稀有气体化合物 $XePtF_6$。此后几十年间，大量的努力被投入到探索新型稀有气体化合物的研究中[3~5]。

在常压下，重的稀有气体元素如 Xe 以及少量的 Kr 和 Ar 已经被发现可以被氧和卤素等氧化形成氧化物和氟化物[6~8]。在高压条件下，稀有气体元素的化学活性被彻底的改变。

一方面，高压的应用使稀有气体元素更容易被氧化；例如，在高压下，稀有气体元素不仅可以被强氧化性的 F 和 O 氧化，还可以被相对氧化性较弱的 N 和 S 氧化，甚至被还原性的金属 Fe 和 Ni 氧化[9~19]。理论预测表明：Xe 可以分别在 146GPa 和 191GPa 条件下跟 S 和 N 发生反应；Xe 和 Fe 以及 Ni 的直接化学反应将在地核压力条件下发生。随后的静高压实验也分别在 150GPa 以及 220GPa 左右合成了 Xe-Ni 和 Xe-Fe 化合物，证实了理论预测的结果[20]。众所周知，在包含金属元素的化合物中，金属原子一般为电子供体，充当着阳离子的作用，而在这些 Xe-Ni 和 Xe-Fe 化合物中，金属 Ni 和 Fe 却反常的成为电子受体，表现为阴离子，而 Xe 原子却成为电子供体。此外，实验上也发现了 Xe 跟冰在 50GPa 压力下可以发生化学反应[21]。综上所述，在这些化合物中，Xe 原子通过失去其闭壳层的电子而与其他原子形成化学键。与之相反，Xe 元素也能得到电子而被其他元素如 Li、Cs 和 Mg 等还原[22~24]。

另一方面，在较低的压力条件下，稀有气体元素也能在不得失电子的情况下，形成范德瓦尔斯化合物（原子之间主要依赖范德瓦尔斯相互作用成键）。例如：在几个 GPa 压力下就可以合成 Laves 相的 $NeHe_2$、$Ar(H_2)_2$、$ArHe_2$、$Xe(O_2)_2$ 和 $Xe(N_2)_2$[25~30]。这类化合物的稳定性，可由类似于二元合金化合物的硬球堆积规则来解释。另外，还有一些其他类型的稀有气体化合物也被发现。$(N_2)_6Ne_7$ 是一种笼形化合物，N_2 分子的中心形成一个变形的笼状十二面体，14 个 Ne 原子被包含在其中[31]。$XeHe_2$ 在 12GPa 时开始稳定，形成六角的 AlB_2-型结构[32]。一些其他的固定化学配比的化合物如 $Xe-H_2O$，$Xe-H_2$ 和 $He-H_2O$ 也在不同的压力下被合成。这些化合物的稳定性目前并不十分明确[33~38]。

在一些特殊例子中，例如，在 Xe-F 化合物中，出现了 Xe-Xe 这种稀有气体原子-稀有气体原子间共价键现象[9]；而在 Na_2He 中，长程的库伦相互作用是其稳定的原因[39]。

总而言之，高压条件下的稀有气体化合物中的成键丰富多样，并有待于科研人员进一步深入的研究。在此，我们利用理论预测方法研究二元的 Xe-Ar 化合物的相图，探索其化合物的稳定性及其相应的成键机制。

6.2　计算方法

高压下的结构搜索模拟是通过基于粒子群优化算法的晶体结构预测程序 CALYPSO（Crystal Structure AnaLYsis by Particle Swarm Optimization）来实现的[40,41]。该方法可靠性已经在大量的体系中得到了验证[42~44]。我们分别对 $XeAr_n (n=1~8)$ 在 200GPa 和 300GPa 下进行了结构搜索。每个模拟包含 1~4 个分子单元，每一代搜索产生 30~40 个结构（第一代是随机产生的）。随后将这些结构通过基于第一性原理的 VASP[45] 程序包进行优化。当每个结构的局域优化的焓变（每个原子）为 2×10^{-5} eV 时我们认为其收敛。每一代的 60% 个能量最低的结构用于产生下一代结构，而另外 40% 的结构是通过随机产生的。当连续 5 代没有产生新的能量和更低的新结构时，结构搜索将被终止。一般情况，我们的每一个结构搜索实例都演化了至少 30 代，约产生了 900~1200 个结构。

在结构搜索模拟终止后，我们选取广义梯度近似的 PBE（Perdew-Burke-Ernzerhof）泛函[46]，通过 VASP 程序包对能量最低的一些结构进行高精度的优化。对于 Xe 和 S，我们采用的赝势为 PAW 势[47]，分别考虑了 $4d^{10}5s^25p^6$ 和 $2s^22p^6$ 作为其价电子。为了确保总能计算的精度，我们选取了平面波展开的截断能选为 1500eV。布里渊区的 K 点取样采用的是 Monkhorst-Pack 取样方法，在倒空间中的最大间隔为 $2\pi \times 0.3nm^{-1}$。为了确定能量最低结构的动力学稳定性，我们利用超胞法，通过 Phonopy 软件包[48] 来计算它们的声子谱。在计算原子受力时，每个计算超胞的晶格常数大小都接近或大于 1nm，以便减少相邻镜像原子的影响。

6.3 结果与讨论

6.3.1 高压条件下 XeAr$_n$（n=1~8）的晶体结构预测

通过对 XeAr$_n$（n=1~8）体系在 0GPa、100GPa、200GPa 和 500GPa 下彻底的结构搜索模拟，我们能够找到每个比例在不同压强下焓最低的晶体结构。这些结构的形成焓 $\Delta_f H$ 被归纳在图 6.1 中。形成焓的计算公式为：

$$\Delta_f H(\text{XeAr}_n) = [H(\text{XeAr}_n) - H(\text{Xe}) - nH(\text{Ar})]/(1+n) \tag{6.1}$$

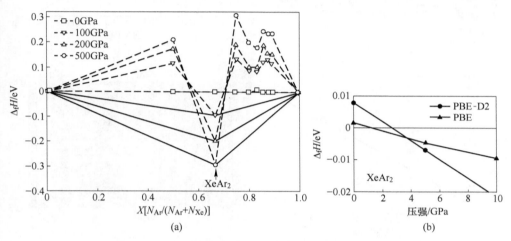

图 6.1　XeAr$_n$（n=1~8）在不同压强下的热力学稳定性（a）和 XeAr$_2$
形成焓随压强的变化曲线及其范德瓦尔斯修正的结果（b）

如图 6.1 所示，在 0GPa 时，预测的每一个比例都有个小的正形成焓，表明在该条件下，Xe-Ar 化合物很难形成稳定的比例。当压强增加到 100GPa、200GPa 和 500GPa 时，Convex hull 相图被一个具有显著相对最低形成焓的比例占据，即 XeAr$_2$。表明在研究的所有比例里，只有该比例相对于单质 Xe 和 Ar 是稳定的。对于其他比例，可以明显看到，压力将使得它们具有更高的正形成焓，即使得它们相对更不稳定。

通过结构搜索，我们发现，稳定的 XeAr$_2$ 形成 Laves 结构[48]（见图 6.2），该结构跟金属合金 MgCu$_2$ 的结构相同，其空间群为 $Fd\text{-}3m$，每个晶胞中含有 8 个 XeAr$_2$ 分子单元，其分子可用 Xe$_8$Ar$_{16}$ 来表示。在 XeAr$_2$ 的 Laves 结构中，Xe 占据的 Wyckoff 位置为 8a（0，0，0），形成一个金刚石型（两个相互渗透的面心立方）的子晶格。而由 Ar 原子构成的四面体（Ar 占据四面体的顶点）填充在由 Xe 构成的 Xe 网格中。在该结构中 Xe 原子的配位数为 16（其中 4 个为 Xe 原子，12 个为 Ar 原子），Ar 原子的配位数为 12（其中 6 个为 Xe 原子，6 个为 Ar 原子）。

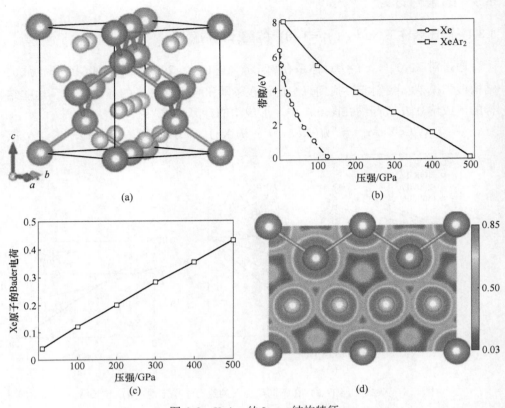

图 6.2　XeAr$_2$ 的 Laves 结构特征

（a）XeAr$_2$ 的晶体结构图；（b）XeAr$_2$ 和 Xe 的带隙随压强的变化关系；

（c）Bader 电荷随压强的变化关系；（d）XeAr$_2$ 的电子局域分布函数二维图

6.3.2　XeAr$_2$ 的稳定性、成键机制及电子性质

在 100GPa 时，MgCu$_2$ 结构的 XeAr$_2$ 晶格常数为 0.708nm。如果将晶格上的原子当成硬球模型的话，Laves 相（AB$_2$ 型）化合物的稳定性可通过其堆积规则来解释，即：如果 A、B 两种元素的硬球半径之比 r_A/r_B 接近 1.25，则其晶体的空间堆垛效率将达到最大的 71%，这将使其在高压下具有更低的晶格能，从而保持稳定状态。对于我们研究的 XeAr$_2$，其 r_A/r_B 之比为 1.13，这比较接近理想值 1.25。因此从这方面来考虑，XeAr$_2$ 在高压下形成 Laves 相并不是十分意外。另外，值得注意的是，研究表明在更高的压强下，XeAr$_2$ 将变得更加稳定，这与其他稀有气体化合物（如 XeHe$_2$、NeHe$_2$ 和 ArHe$_2$）不同，这三种化合物都将在某个压强下发生分解。

另外，在图 6.1（b）中，我们给出了 Laves 相 XeAr$_2$ 在不同压强下的形成焓变化趋势。从中可以看到，XeAr$_2$ 大概在 1.1GPa 时就能稳定。此外，通过 PBE-D2 方法[49,50]，我们计算了范德瓦尔斯力对 XeAr$_2$ 形成焓的影响。如图 6.1（b）所示，通过范德瓦尔斯修正，XeAr$_2$ 的形成压强将变为 2.6GPa。

为了研究 Laves 相 XeAr$_2$ 在不同压强下的动力学稳定性，我们通过准简谐近似的方法计算了其声子谱，部分结果展示在图 6.3 中。可以清晰地看到，在 10GPa 和 500GPa 时，XeAr$_2$ 的声子谱没有出现任何虚频，由此证明其动力学是稳定的。

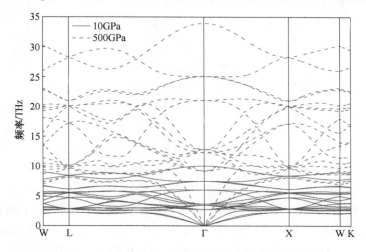

图 6.3　XeAr$_2$ 在 10GPa 和 500GPa 下的声子谱

众所周知，当温度 T 为 0K 时，材料的吉布斯自由能（$G = H - TS$）降成焓（$H = U + pV$）。而材料的形成焓由其相对于单质时的内能（ΔU）和 $p\Delta V$ 决定。图 6.4 给出了 XeAr$_2$ 的内能（ΔU）和 $p\Delta V$ 随压强的变化趋势。很明显，XeAr$_2$ 的形成焓之所以为负值，主要是由其较大的负的 $p\Delta V$ 值所决定，而其内能 ΔU 在 0~150GPa 时一直保持正值。XeAr$_2$ 较大的负的 $p\Delta V$ 值主要归因于其相对较小的晶格体积（相对单质而言）。

为了跟其他稀有化合物的稳定性做比较，我们在图 6.4 中也给出了与 XeAr$_2$ 等结构的 XeS$_2$、AlB$_2$ 结构的 XeHe$_2$ 的 $p\Delta V$ 值随压强的变化关系。可以看到，XeAr$_2$ 跟 XeS$_2$ 的 $p\Delta V$ 随压力的变化趋势非常相似，在整个计算的压强区间内它们都表现为负值。而 XeHe$_2$ 的结果却有所不同，其 $p\Delta V$ 值在较低压强区间为负值，在高压下为正值。这种能量差异导致了其不同的稳定性——具有 MgCu$_2$ 型结构的 XeAr$_2$ 和 XeS$_2$ 在高压条件下相对低压下能量更具优势，而 AlB$_2$ 型的 XeHe$_2$ 的在压强达到一定值时，其形成焓逐渐上升，并在 307GPa 时变成正值。这是 Xe 和 Ar 以及 S 在高压下形成稳定化合物的一个重要原因。

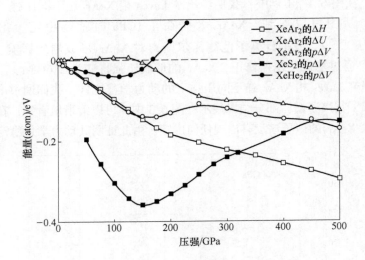

图 6.4　XeAr$_2$ 的形成焓 ΔH 和内能 ΔU 随压强的变化；

XeAr$_2$、XeS$_2$ 和 XeHe$_2$ 的 $p\Delta V$ 随压强变化的对比

　　为了研究 XeAr$_2$ 的电子结构性质，我们进一步计算了其在不同压强下的电子态密度。图 6.5 给出了 10GPa 和 500GPa 下的投影态密度图。由图可以清晰地看到，在低压下，XeAr$_2$ 是一种宽带隙绝缘体。在 10GPa 时，其带隙值为 8eV，其中 Ar 3s 和 3p 电子以及 Xe 5s 和 5p 电子是高度局域的，表明此时，Ar 和 Xe 原子之间的相互作用比较弱。通过对比 XeAr$_2$ 以及单质 Xe 的带隙随压力变化曲线，可以发现，单质 Xe 的变化曲线斜率更大，其带隙值随压强变化更快。从而导致 XeAr$_2$ 的金属化压力远远高于单质 Xe 的。前者为 500GPa，后者约为 130GPa。

　　从图 6.5 还可以看出，在 500GPa 时，XeAr$_2$ 的投影态密度展宽非常明显，表明相应的价电子在压强作用下离域性越来越强。值得注意的是，投影态密度结果也揭示了 Xe 5p 电子态与 Ar 3p 具有较大的重叠现象。另外，通过 Bader 电荷分析发现[51]，在 500GPa 时，每个 Xe 原子到 Ar 原子的电荷转移约为 0.43e。这些计算结果和分析表明，在高压下的 XeAr$_2$ 化合物中存在着较强的化学相互作用。

　　由于 Xe 和 Ar 都具有闭壳层稳定的电子结构，它们之间很难发生化学反应。研究表明，在低压下的 XeAr$_2$ 化合物中，原子之间主要依赖范德瓦尔斯力相互作用。在 500GPa 时，其中 Xe-Xe、Xe-Ar 和 Ar-Ar 的最近邻距离分别为 0.256nm、0.245nm 和 0.209nm。对比 Xe 原子和 Ar 原子的共价键半径（前者为 0.140nm，后者为 0.106nm），这些原子间距应该足以使它们形成共价键[52]。为了进一步探索 XeAr$_2$ 的化学键。本书计算了最邻近的 Xe-Xe、Xe-Ar 和 Ar-Ar 之间的晶体轨道

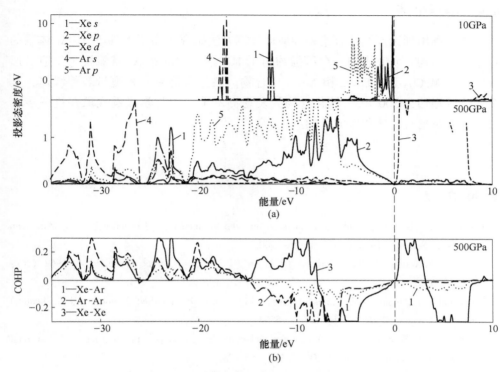

图 6.5　XeAr$_2$的投影态密度以及哈密顿轨道占据 COHP

哈密顿占据（Crystalline Orbital Hamiltonian Population，COHP）。从图 6.5 可以看出，对于 Xe-Xe 原子对，其成键态的 COHP 在价带区的贡献要大于反键态的贡献。这就使得 COHP 对能量的积分（从最低能量积分到费米能级处）值为 −1.2eV 每 Xe-Xe 原子对。从哈密顿轨道占据观点来看，负的 COHP 积分值意味着 Xe-Xe 原子间相互作用具有明显的能量贡献，从而呈现出共价键的特征。为了进一步确定这个观点，本书计算了体系的电子局域函数（Electron Localization Function，ELF）[53]，电子局域函数的规则是：如果原子对之间的 ELF 值大于 0.5，则该原子对是共价键作用。尽管如此，一些非典型共价键的 ELF 值也可能略低于这个值。对于 500GPa 下的 XeAr$_2$，本书计算的 Xe-Xe 原子对的 ELF 值为 0.5，这也表明了 Xe-Xe 原子间共价作用的可能性。另外，对于 Xe-Ar，其相应的 COHP 积分值为 −0.36eV 每原子对，表明了它们之间弱的离子键相互作用。同时，本书计算的该原子对之间 ELF 值为 0.32，这也进一步确定了 Xe-Ar 原子间的离子键作用。最后，对于 Ar-Ar 原子对，本书计算的 COHP 积分值仅为 −0.07eV 每原子对，表明它们之间的成键作用非常弱。

6.4 本章小结

本章利用理论预测结合第一性原理计算方法研究了高压条件下 Xe-Ar 体系的稳定性和结构。研究表明，在压强约为 1.1GPa 时，Xe 和 Ar 就能发生反应，形成结构为 $MgCu_2$ 型的 Laves 相 $XeAr_2$ 化合物。该化合物是一种宽带隙绝缘体，其金属化压强约为 500GPa。该化合物的发现揭示了新的化学成键现象并进一步丰富了人们对稀有气体化学的认知。

参 考 文 献

[1] Pauling L. The formulas of antimonic acid and the antimonates [J]. Journal of the American Chemical Society, 1933 (55): 1895~1900.

[2] Bartlett N. Xenon hexafluoroplatinate (V) $Xe^+[PtF_6]^-$ [J]. Proc. Chem. Soc., 1962 (6): 197~236.

[3] Grochala W. Atypical compounds of gases, which have been called 'noble' [J]. Chemical Society Reviews, 2007 (36): 1632~1655.

[4] Gerber R B. Formation of novel rare-gas molecules in low-temperature matrices [J]. Annual Review of Physical Chemistry, 2004 (55): 55~78.

[5] Haner J, Schrobilgen G J. The chemistry of xenon (Ⅳ) [J]. Chemical Reviews, 2015 (115): 1255~1295.

[6] Levy H A, Agron P A. The crystal and molecular structure of xenon difluoride by neutron diffraction [J]. Journal of the American Chemical Society, 1963 (85): 241~242.

[7] Templeton D H, Zalkin A, Forrester J, et al. Crystal and molecular structure of xenon trioxide [J]. Journal of the American Chemical Society, 1963 (85): 817.

[8] Khriachtchev L, Pettersson M, Runeberg N, et al. A stable argon compound [J]. Nature, 2000 (406): 874~876.

[9] Peng F, Botana J, Wang Y, et al. Unexpected trend in stability of Xe-F compounds under pressure driven by Xe-Xe covalent bonds [J]. The Journal of Physical Chemistry Letters, 2016 (7): 4562~4567.

[10] Kim M, Debessai M, Yoo C S. Two-and three-dimensional extended solids and metallization of compressed XeF_2 [J]. Nature Chemistry, 2010 (2): 784~788.

[11] Dominik K O, Patryk Z E, Wojciech G, et al. Freezing in resonance structures for better packing: XeF_2 becomes $(XeF^+)(F^-)$ at large compression [J]. Inorganic Chemistry, 2011 (50): 3832~3840.

[12] Braïda B, Hiberty P C. The essential role of charge-shift bonding in hypervalent prototype XeF_2 [J]. Nature Chemistry, 2013 (5): 417~422.

[13] Zhu Q, Jung D Y, Oganov A R, et al. Stability of xenon oxides at high pressures [J]. Nature Chemistry, 2013 (5): 61~65.

[14] Dewaele A, Worth N, Pickard C J, et al. Synthesis and stability of xenon oxides Xe_2O_5 and Xe_3O_2 under pressure [J]. Nature Chemistry, 2016 (8): 784~790.

[15] Brock D S, Schrobilgen G J. Synthesis of the missing oxide of xenon, XeO_2, and its implications for Earth's missing xenon [J]. Journal of the American Chemical Society, 2011 (133): 6265~6269.

[16] Hermann A, Schwerdtfeger P. Xenon suboxides stable under pressure [J]. The Journal of Physical Chemistry Letters, 2014 (5): 4336~4342.

[17] Peng F, Wang Y, Wang H, et al. Stable xenon nitride at high pressures [J]. Physical Review B, 2015 (92): 094104.

[18] Yan X, Chen Y, Xiang S, et al. High-temperature and high-pressure-induced formation of the Laves-phase compound XeS_2 [J]. Physical Review B, 2016 (93): 214112.

[19] Zhu L, Liu H, Pickard C J, et al. Reactions of xenon with iron and nickel are predicted in the Earth's inner core [J]. Nature Chemistry, 2014 (6): 644~648.

[20] Dewaele A, Pépin C M, Geneste G, et al. Reaction between nickel or iron and xenon under high pressure [J]. High Pressure Research, 2016 (37): 137~146.

[21] Sanloup C, Bonev S A, Hochlaf M, et al. Reactivity of xenon with ice at planetary conditions [J]. Physical Review Letters, 2013 (110): 265501.

[22] Li X, Hermann A, Peng F, et al. Stable lithium argon compounds under high pressure [J]. Scientific reports, 2015 (5): 16675.

[23] Zhang S, Bi H, Wei S, et al. Crystal structures and electronic properties of cesium xenides at high pressures [J]. The Journal of Physical Chemistry C, 2015 (119): 24996~25002.

[24] Miao M S, Wang X L, Brgoch J, et al. Anionic chemistry of noble gases: Formation of Mg-NG (NG = Xe, Kr, Ar) compounds under pressure [J]. Journal of the American Chemical Society, 2015 (137): 14122~14128.

[25] Loubeyre P, Jean-Louis M, Le Toullec R, et al. High pressure measurements of the He-Ne binary phase diagram at 296K: Evidence for the stability of a stoichiometric $Ne(He)_2$ solid [J]. Physical Review Letters, 1993 (70): 178~181.

[26] Cazorla C, Errandonea D, Sola E. High-pressure phases, vibrational properties, and electronic structure of $Ne(He)_2$ and $Ar(He)_2$: A first-principles study [J]. Physical Review B, 2009 (80): 064105.

[27] Loubeyre P, Letoullec R, Pinceaux J P. Compression of $Ar(H_2)_2$ up to 175GPa: A new path for the dissociation of molecular hydrogen? [J]. Physical Review Letters, 1994 (72): 1360~1363.

[28] Laniel D, Weck G, Loubeyre P. $Xe(N_2)_2$ compound to 150GPa: Reluctance to the formation of a xenon nitride [J]. Physical Review B, 2016 (94): 174109.

[29] Howie R T, Turnbull R, Binns J, et al. Formation of xenon-nitrogen compounds at high-

pressure [J]. Scientific reports, 2016 (6): 34896.

[30] Weck G, Dewaele A, Loubeyre P. Oxygen/noble gas binary phase diagrams at 296K and high pressures [J]. Physical Review B, 2010 (82): 014112.

[31] Plisson T, Weck G, Loubeyre P. $(N_2)_6 Ne_7$: A high pressure van der waals insertion compound: A high pressure van der waals insertion compound [J]. Physical Review Letters, 2014 (113): 025702.

[32] Wang Y, Zhang J, Liu H, et al. Prediction of the Xe-He binary phase diagram at high-pressures [J]. Chemical Physics Letters, 2015 (640): 115~118.

[33] Somayazulu M, Dera P, Goncharov A F, et al. Pressure-induced bonding and compound formation in xenon-hydrogen solids [J]. Nature Chemistry, 2009 (2): 50~53.

[34] Somayazulu M, Dera P, Smith J, et al. Structure and stability of solid $Xe(H_2)_n$ [J]. The Journal of Chemical Physics, 2015 (142): 104503.

[35] Yan X, Chen Y, Kuang X, et al. Structure, stability, and superconductivity of new Xe-H compounds under high pressure [J]. Journal of Chemical Physics, 2015 (143): 124310.

[36] Sanloup C, Mao H K, Hemley R J. High-pressure transformations in xenon hydrates [J]. Proceedings of the National Academy of Sciences of the United States of America, 2002(99): 25~28.

[37] Liu H, Yao Y, Klug D D. Stable structures of He and H_2O at high pressure [J]. Physical Review B, 2015 (91): 014102.

[38] Kuhs W F, Hansen T C, Falenty A. Filling ices with helium and the formation of helium clathrate hydrate [J]. The Journal of Physical Chemistry Letters, 2018 (9): 3194~3198.

[39] Dong X, Oganov A R, Goncharov A F, et al. A stable compound of helium and sodium at high-pressure [J]. Nature Chemistry, 2017 (9): 440.

[40] Wang Y, Lv J, Zhu L, et al. CALYPSO: A method for crystal structure prediction [J]. Computer Physics Communications, 2012 (183): 2063~2070.

[41] Wang Y, Lv J, Zhu L, et al. Crystal structure prediction via particle-swarm optimization [J]. Physical Review B, 2010 (82): 094116.

[42] Chen Y, Geng H Y, Yan X, et al. Prediction of stable ground-state lithium polyhydrides under high-pressures [J]. Inorganic Chemistry, 2017 (56): 3867~3874.

[43] Zhong X, Yang L, Qu X, et al. Crystal structures and electronic properties of oxygen-rich titanium oxides at high-pressure [J]. Inorganic Chemistry, 2018 (57): 3254~3260.

[44] Li Q, Zhang X, Liu H, et al. Structural and mechanical properties of platinum carbide [J]. Inorganic Chemistry, 2014 (53): 5797~5802.

[45] Blöchl P E. Projector augmented-wave method [J]. Physical Review B, 1994 (50): 17953.

[46] Kresse G, Furthmüller J. Efficient iterative schemes for Ab initio total-energy calculations using a plane-wave basis set [J]. Physical Review B, 1996 (54): 11169.

[47] Perdew J P, Burke K, Ernzerhof M. Generalized gradient approximation made simple [J]. Physical Review Letters, 1996 (77): 3865.

[48] Togo A, Oba F, Tanaka I. First-principles calculations of the ferroelastic transition between rutile-type and $CaCl_2$-type SiO_2 at high-pressures [J]. Physical Review B, 2008 (78): 134106.

[49] Stein F, Palm M, Sauthoff G. Structure and stability of laves phases. Part I. Critical assessment of factors controlling laves phase stability [J]. Intermetallics, 2004 (12): 713~720.

[50] Grimme, S. Semiempirical GGA-type density functional constructed with a long-range dispersion correction [J]. Journal of Computational Chemistry, 2006 (27): 1787~1799.

[51] Bader R F. Atoms in molecules [M]. Wiley Online Library, 1990.

[52] Cordero B, Gómez V, Platero-Prats A E, et al. Covalent radii revisited [J]. Dalton Transactions, 2008: 2832~2838.

[53] Becke A D, Edgecombe K E. A simple measure of electron localization in atomic and molecular systems [J]. The Journal of Chemical Physics, 1990 (92): 5397~5403.

7　总　　结

　　由于具有稳定的电子结构通常情况下稀有气体元素的化学活性很低，很难得失电子而参与化学反应，因此又被人们称为"惰性元素"。寻找新型稀有气体化合物成为当今凝聚态物理学界的重大挑战之一。高压是合成和探索新型化合物的重要手段。高压能够有效地缩短物质内部的原子间距，诱发原子间的电荷转移并改变其化学价态，进而降低化学反应势垒，诱导非常规的化学反应。氙的价电子层是所有惰性元素中离核最远的（放射性的氡除外），原子核对价电子的束缚能力最弱，因此也最有可能失去电子而与其他原子成键。本书综述了目前国内外相关研究的现状和最新进展。在此基础上采用 CALYPSO 晶体结构预测方法，结合第一性原理计算，系统地研究了氙在高压条件下与非金属硫、氢和氯及金属铯和铝的化学反应。主要研究内容和创新性的结果包括：

　　（1）惰性气体 Xe 是典型的满壳层元素，其化学活性极低，难以与其他元素成键而形成稳定的化合物。最近，对 Xe 与轻元素结合形成的化合物的研究备受关注，对 Xe 的化合物的探索能够进一步拓展稀有气体化学的边界。随着人们对 Xe 与轻元素化合物的深入研究，一些非常规的化学成键被发现，这极大地丰富了人们对化学键的理解，并揭示了新的成键机制。

　　Xe 的氟（F）化物是其中研究最为热门的例子。人们发现在常压条件下，Xe 就能与 F_2 反应形成 XeF_2。在高压条件下，XeF_2 表现出丰富的结构和电子性质的相变。高压导致的孤对电子的非局域化被认为是这些相变的微观机制。此外，Xe 与氧（O_2）的反应也备受关注。高压结构预测表明 Xe 与 O_2 能在 75GPa 以上开始反应，并形成一系列稳定的 Xe-O 化合物。这类反应主要是高压诱发原子间大量的电荷转移（Xe 原子转移给 O 原子）所致。

　　硫（S）元素与 O 元素是处于元素周期表同一族的相邻元素。它们具有相同的价电子构型。从一般规律看来，原子序数更大的同族元素会在更高的压强下表现出原子序数比其更小的元素相似的化学性质。从这个观点来看，Xe 和 S 应该也能在更高的压强下（高于 75GPa）发生化学反应。我们通过 CALYPSO 结构预测方法系统的研究了 Xe-S 化合物 $XeS_n(n=1\sim6)$ 在高压下的稳定性。结果表明，Xe 和 S 能在 191GPa、0K 的条件下开始反应，并形成唯一稳定的化合物 XeS_2。通过有限温度密度泛函理论，并结合准简谐近似和自洽晶格动力学方法，本书研究了热激发对其电子和声子的影响，并构建了 XeS_2 的高温高压相图。我们发现，高温高压都可以促进 Xe 和 S 的反应。

高压结构预测表明 XeS_2 形成一个与 $MgCu_2$ 同构的 Laves 相结构。有趣的是，最近有相关实验报道，稀有气体化合物如 $Xe(O_2)_2$、$NeHe_2$、$Ar(H_2)_2$ 等也能在高压下形成 Laves 相。但是在这些化合物中，稀有气体主要是以范德瓦尔斯相互作用与其他分子结合的。通过成键分析可以发现，虽然 XeS_2 也形成 Laves 相，但 Xe 和 S 主要是以真实的化学键相互作用的。尽管如此，它们之间还是存在着一定的联系。从原子堆垛观点来看，它们能不能形成 Laves 相，主要还是受原子尺寸的控制。在高压下原子由于受到挤压，而倾向于形成堆垛效率更高的结构。当两个原子（或分子）的半径之比接近 1.225 时，Laves 结构具有最高的空间利用率（约 71%）。而这些化合物以及我们发现的 XeS_2，都符合 Laves 相的标准，因此它们都能形成 Laves 相。从价键理论观点来看，高压使得 Xe $5p$ 轨道和 S $3p$ 轨道非局域化，并使它们发生很强的杂化，这种杂化导致了 Xe 原子和 S 原子高配位结构的形成，继而形成 Laves 相。

此外，通过分析比较 Xe 与 F_2、O_2、N_2 和 S 等的反应，我们发现，相应元素的电负性与 Xe 的差异越大，其反应所依赖的外界压力就越小。由于它们电负性关系为 F > O > N > S，从而导致 F_2、O_2、N_2 和 S 等分别在 0GPa、83GPa、150GPa 和 191GPa 下与 Xe 发生化学反应。这是因为，Xe 能否与电负性元素成键，主要在于 Xe 能否失去电子而打开其原本闭合的 Xe $5p$ 轨道，而电负性反应了它们从 Xe 原子上得到电子的能力。

另外，地球化学研究显示，与球粒状陨石（一种化学成分类似于原始的尚未分化的太阳星云的陨石）相比，地球大气中 Xe 的丰度偏低超过 90%，即所谓的"Xe 的消失之谜"。由于 Xe 和 S 都是挥发性物质，大气中 Xe 和 S 主要来自地球形成过程中地幔的排气作用。我们发现 Xe 和 S 能在下地幔的温度压力条件下反应，这种反应可能使 Xe 以化合物的形式储存于地球内部，从而为"Xe 的消失之谜"提供一种可能的解释。

（2）最新实验研究显示，当 Xe 和 H_2 混合时，在 5GPa 左右就能得到稳定的范德瓦尔斯化合物 $Xe(H_2)_7$、$Xe(H_2)_8$ 和 $Xe(H_2)_{10}$。然而，令人意外的是，随着压强的进一步增大，在这些化合物中，竟然存在明显的成键特征，这是首次在实验上观测到的范德瓦尔斯固体中存在强化学相互作用的证据。为了检验 Xe 和 H_2 是否能发生化学反应，我们通过 CALYPSO 结构预测方法系统的研究了 Xe-H 化合物 XeH_n（$n = 1 \sim 8$）在高压下的稳定性。结果表明，Xe-H 最稳定的比例为 XeH_2 和 XeH_4。此外还存在一些亚稳态的比例如 XeH 等。成键分析表明，外界高压会诱发较强的 Xe $5p$ 轨道和 H $1s$ 轨道的杂化，导致 Xe $5p$ 到 H $1s$ 轨道的电荷转移。因此，Xe-H 体系在高压下确实存在很强的 Xe-H 键相互作用。

此外，高压诱发氢化物超导电性是当今高温超导领域的研究焦点。Xe-H 化合物是一类新型氢化物。如果能在 Xe-H 化合物中观测到超导电性，那将为超导材料的研究开辟新的途径。通过电子性质分析，我们发现在 300GPa 以下，只有 XeH 和 XeH$_2$ 实现了金属化。因此，我们分别研究了它们在不同压强下的超导电性。结果发现 XeH 和 XeH$_2$ 确实存在较高的超导温度。

（3）根据以上的讨论，由于 Xe 的最外层电子结构为闭壳层的 $5s^2 5p^6$，要使其参与化学反应，就必须迫使其打开本已填满的 $5p$ 壳层。高压可以使 Xe 原子的部分 $5p$ 电子转移到电负性相对较强的原子上，从而实现这一目的。由此，我们设想，既然让 Xe 失去电子能将其 $5p$ 轨道打开而增强其化学活性，那么，如果让 Xe 得到电子，使电子占据更高的轨道如 $6s$、$5d$ 或 $4f$ 等，那么也能使其化学性质变得活泼。为了验证这个设想，本书采用 CALYPSO 结构预测方法系统地研究了 Cs$_m$Xe$_n$（m, n=1~6）化合物的稳定性。结果表明 Xe 和 Cs 在 30GPa 左右就能发生反应并形成一系列稳定的 Xe-Cs 化合物。并且成键分析也证实了猜想：在这些化合物中，高压的作用使得 Cs 的少量电荷转移到 Xe 原子上，并部分占据着 Xe 的 $5d$ 轨道，从而实现 Cs 与 Xe 的离子键作用。值得注意的是，本书还发现在这些化合物中，存在着 p-p 轨道杂化导致的 Cs-Cs 共价键作用。这是一种内层电子参与成键的新型化学成键现象。就在最近，这种现象在 Cs-F 体系中被首次报道。该发现将为这种成键机制提供更多理论证据。

另外，采用相同的方法，本书也研究了金属铝（Al）和 Xe 在高压下反应的可能性。结果显示，直到 300GPa，Al 和 Xe 都不能形成热力学稳定的化合物，表明它们在这个压力下不能发生化学反应。这是因为相对于 Cs、Al 的金属性相对较弱，不足以将电荷转移给 Xe 原子，当然更不可能从 Xe 原子上得到电子。因此跟 Al 的结合并不能打开 Xe 的 $5p$ 轨道也不能占据其 $5d$ 轨道，因而不能发生化学反应。

（4）研究显示，在高压下的稀有气体元素化合中，Xe 原子通过失去或获得电子而与其他原子形成化学键。在较低的压力条件下，稀有气体元素也能在不得失电子的情况下，形成范德瓦尔斯化合物（原子之间主要依赖范德瓦尔斯相互作用成键）。例如：几个 GPa 压强下就可以合成 Laves 相的 NeHe$_2$、Ar（H$_2$）$_2$、ArHe$_2$、Xe（O$_2$）$_2$ 和 Xe（N$_2$）$_2$。这类化合物的稳定性，可由类似于二元合金化合物的硬球堆积规则来解释。另外，还有一些其他类型的稀有气体化合物也被发现。（N$_2$）$_6$Ne$_7$ 是一种笼形化合物。XeHe$_2$ 形成六角的 AlB$_2$-型结构。一些其他的固定化学配比的化合物如 Xe-H$_2$O、Xe-H$_2$ 和 He-H$_2$O 也在不同的压强下被合成。在一些特殊例子中，例如，在 Xe-F 化合物中，出现了 Xe-Xe 这种稀有气体原子-

稀有气体原子间共价键现象；而在 Na_2He 中，长程的库仑相互作用是其稳定的原因。本书进一步研究了二元的 Xe-Ar 化合物的相图，探索其化合物的稳定性及其相应的成键机制，研究发现在压力约为 1.1GPa 时，Xe 和 Ar 的化学反应。形成的 $XeAr_2$ 化合物与 XeS_2 具有相似的结构。然而其电子性质却截然相反，前者保持绝缘态到 500GPa，而后者在 70GPa（最小的稳定压力）下仍然是典型的金属特性。

冶金工业出版社部分图书推荐

书　名	作　者	定价(元)
2021 中国有色金属发展报告	中国有色金属工业协会	298.00
中国新材料产业发展年度报告（2020）	国家新材料产业发展 专家咨询委员会	268.00
金属功能材料	王新林	189.00
磁致伸缩材料与传感器	王博文　翁　玲　黄文美 孙　英　李明明	118.00
碳基复合材料的制备及其在能源存储中的应用	曾晓苑	113.00
银基电触头材料的电弧侵蚀行为与机理	吴春萍	99.90
锰激活氟（氧）化物发光材料的制备与应用	叶信宇	99.00
垂直磁各向异性薄膜的制备、表征及应用	刘　帅　李宝河　张静言	96.00
科技文献量化分析举要——以钛铝金属间 　化合物材料为例	鲍芳芳	89.00
功能材料制备及应用	崔节虎　杜秀红	88.00
锂电池及其安全	王兵舰　张秀珍	88.00
能率变换原理及其在材料成形中的应用	章顺虎	86.00
纳米材料概论及其标准化	赖宇明　孟海凤　陈春英	79.00
超分子聚合物的构筑及结构转化	李　辉　许芬芬　黎日强	79.00
半导体量子点掺杂的光纤	张　蕾　李　帅	75.00
太阳能级多晶硅合金化精炼提纯技术	罗学涛　刘应宽　黄柳青	69.00
新型二氮杂四星烷的光化学合成与结构解析	谭洪波	68.00
核壳结构无机复合粉体的制备技术及其应用	王彩丽	66.00
钼基化合物复合材料的设计及其电解水催化性能	漆小鹏　陈　建　汪方木	66.00
抗菌性氧化锌薄膜材料	徐姝颖	56.00
超细晶碳化钨-钴复合材料	郭圣达　易健宏 陈　颢　羊建高	55.00
贵金属獴基冶金	滕荣厚　赵宝生　朱正良	50.00